U0232808

中国科学院华南植物园

观赏姜目植物与景观

The Ornamental and Landscape of Zingiberales

主　编　叶育石　付　琳

副主编　邹　璞　杜志坚　黄颂谊

长江出版传媒
湖北科学技术出版社

《观赏姜目植物与景观》编委会

主　编：叶育石　付　琳

副主编：邹　璞　杜志坚　黄颂谊

主　审：吴德邻

编　委：（按姓氏拼音顺序排列）

　　　　陈　娟　陈　玲　杜志坚　付　琳　黄建平　李　诺

　　　　廖景平　林汝顺　彭泽球　王　斌　吴　兴　谢思明

　　　　杨科明　叶华谷　叶育石　张　征　曾振新　邹　璞

摄　影：叶育石　付　琳　叶华谷　杜志坚　邹　璞　王　斌

　　　　林汝顺　黄建平　陈　娟　郑希龙　李策宏　李　英

　　　　李榕涛　杨科明　杨晓洋　周厚高

基金项目

本书承蒙科技基础性工作专项"植物园迁地栽培植物志编撰（2015 FY210100）""广东省数字植物园重点实验室"资助出版。

序

  姜目是单子叶植物中的一大类群，全世界有 8 科 97 属 2 300 余种，主要分布于热带地区，尤其是亚洲和美洲的热带地区，拥有许多重要的经济植物，除了人们所熟知的药用、果蔬、香料等用途外，还有花卉观赏的用途。中国科学院华南植物园多年来致力于姜目植物的研究，并设有国内最具规模的姜目植物专类园，作为种质资源保存和科研、科普的基地。业内已有多部介绍姜科植物的著作，但多着重于国内种类。为了让人们对姜目植物有一更全面的了解，现本书编者增添部分姜目内容，特别是大幅度地增加了部分国外的品种，编成此书，供姜目植物爱好者及有意开发引种姜目植物资源者参考。

  姜目植物作为热带花卉在国外已有较长的历史，其中旅人蕉和大鹤望兰由于株形特殊，叶片在茎顶排列呈折扇状，无论是布置于庭园还是作为路树，都显得格外与众不同，可以营造出一种旖旎且特别的热带风光。姜科、闭鞘姜科、美人蕉科和蝎尾蕉科奇特的花朵和竹芋科色彩丰富的叶片都极受人们的喜爱。同时姜目植物也是营造热带雨林景观必不可少的材料之一。近年来我国虽然引进过不少姜目植物，如荷花姜、瓷玫瑰、紫苞山姜等，但公众对此仍没有足够的了解，本书可以弥补这方面的不足。同时这些在国外已经有多年栽培历史的植物无疑是我们引种的首要关注对象。

　　本书编者具有多年的野外采集和专类园的管理经验，因而本书内容丰富翔实，许多照片都是编者不辞辛苦在野外实地拍摄所得，弥足珍贵。相信本书的问世不但对认识、欣赏姜目植物有一定的帮助，而且对引种栽培姜目植物也有一定助益。

2018 年 7 月 8 日

前　　言

　　姜目是单子叶植物中具有重要经济价值的一大类群，包括芭蕉科、旅人蕉科、兰花蕉科、蝎尾蕉科、姜科、闭鞘姜科、美人蕉科和竹芋科 8 个科，多数种类为陆生植物，也有少数种类生长于淡水的浅水或沼泽区域，从低海拔的热带雨林到海拔 4 880 m 的喜马拉雅山区高寒地带都能发现其"芳踪"。姜目植物外形体态变化多样，既有柔弱的小草本，如矮小贴近地面的山柰、叶呈线状的丝叶山柰 *Kaempferia filifolia*；又有粗壮如乔木的巨型草本，如高可达 20 m、假茎直径达 1 m、叶长达 10 m 的巨型芭蕉 *Musa ingens*；还有高大的木质植物，如高 5~30 m 的旅人蕉。姜目各科植物均有各自的特点，是单子叶植物中非常有趣的类群。

　　姜目植物与日常生活息息相关，也许我们并不清楚哪些植物是姜目的成员，但这并不妨碍对它们的利用。很多姜目植物是传统的药用植物，如著名的中药"姜""春砂仁""高良姜""益智"等。"姜"是药食同源植物，既可入药又是百姓常用的调味品；用来包裹食物的"芭蕉叶"及"柊叶"；嫩花序可作时令野菜的"蘘荷"；嫩茎可切丝炒肉的"草果"等等均是姜目植物。近年来，姜目植物被用于观赏花卉或园林绿化已非常流行，常见的有旅人蕉、天堂鸟、红蕉、紫苞芭蕉、花叶艳山姜、白姜花、黄姜花、玫瑰姜（瓷玫瑰）、姜荷花、大花美人蕉、蝎尾属和部分竹芋科植物等。

　　姜目植物的花具有奇特的形态，花部结构非常复杂且多数为肉质，容易变形和腐烂，想要准确鉴定极为困难。现在，人们对姜目植物的了解需求热切，或许你要找的"花"就在眼前，只是君不识"花"而已；还有更多物种戴着神秘的面纱，藏于深山幽谷之中，导致花迷们常常感叹"众里寻姜千百度，不识庐山真面目"。我国目前介绍姜目植物的专著不多，《中国植物志》及其 *Flora of China* 主要以文字描述为主，仅辅以少量的线条图供参考，对初学者来说不够直观、难理解。2003 年，中国科学院华南植物园曾宋君研究员等编写了《姜目花卉》，对姜目花卉的园林用途和栽培技术做了较详细的介绍。2005 年，中国科学院西双版纳热带植物园高江云研究员等编写《中国姜科花卉》，介绍了国产姜科植物 20 属 95 种（含变种）。2011 年，中国科学院华南植物园余峰工程师主编了《丹青蘘荷——手绘中国姜目植物精选》，收录了国内外姜目植物 111 种，附有手绘彩图及钢笔线描图 87 幅，全书均用中英文描述，是一部非常精美和值得欣赏收藏的著作。2016 年，著名姜科植物分类学家、中国科学院华南植物园吴德邻研究员于 82 岁高龄之际出版了《中国姜科植物资源》，共收录 120 种国产及 20 种国外观赏性高的姜科植物，每种植物均有彩图，其中大豆蔻、西藏大豆蔻、盈江姜、云南姜、古林姜等种类首次以彩图形式展示；该书系统介绍了姜科植物的分类学知识，并提出了中国姜科植物开发利用和保护的建议。

《观赏姜目植物与景观》按 Kress (1990) 分类系统排列，属、种按照拉丁学名字母顺序排列，共收录姜目植物 8 科 56 属 348 种（含变种及栽培种），其中 201 种为中国自然分布、147 种为国外分布，每种都具有中文名、拉丁学名、形态描述，并对分布和用途等信息做了简要介绍。每种植物均附有 1~5 张精美彩色图片，可让读者较直观地了解、认识和鉴定姜目植物，也是对前人研究工作的补充。

本书所采用的照片除标注外，均由主编叶育石和付琳拍摄，拍摄地点包括我国云南、西藏、四川、贵州、广东（含中国科学院华南植物园）、广西、海南、湖南、江西，英国皇家植物园邱园和爱丁堡植物园等地。常见病虫害及防治部分（文字和照片）由杜志坚工程师完成。书中首次使用的中文名加注"新拟"，以前既有的中文名，如单花姜原来属于姜科闭鞘姜亚科，后因闭鞘姜亚科从姜科中独立分出，另立为闭鞘姜科，为避免闭鞘姜科与姜科植物之间混淆或误导读者，因此重新拟中文名"单花闭鞘姜"予以区别。

本书得以出版，我们十分感谢国家科技部科技基础性工作专项"植物园迁地栽培植物志编撰（2015 FY210100）""广东省数字植物园重点实验室"以及广州市科学技术协会、广州市南山自然科学学术交流基金会和广州市合力科普基金会的资助。策划编辑王斌先生于 2007 年首次提出编写一本关于姜目观赏植物的著作，但当时由于相关资料积累不够充分，未能完稿，此后王斌先生多次提议编写本书，正是由于他的鼓励和支持，方能促成本书与读者见面，特此致谢！

感谢中国医学科学院药用植物研究所海南分所李榕涛先生提供偏穗姜花的照片，感谢郑希龙博士提供小花山姜、革叶山姜花的照片；感谢仲恺农业工程学院周厚高教授提供姜荷花照片；感谢杨晓洋先生提供渔人蕉的照片；感谢四川省自然资源科学研究院峨眉山生物资源实验站李策宏工程师提供峨眉姜的照片；感谢广东省女子监狱李英女士提供蘘荷的花序照片；感谢中国科学院华南植物园吴林芳先生提供黄花大苞姜的照片，感谢华南植物园领导及同事们的支持和帮助。在此谨向所有在本书编研过程中给予帮助的人们表示真诚的谢意，因为你们的无私帮助，才使本书的内容更加完善。

本书可供植物学、农学、园林园艺学、花卉类工作者，相关专业的大专院校师生及植物爱好者参考使用。由于时间仓促，编者的水平有限，存在不当之处在所难免，敬请各位专家和读者批评指正。

编者

2018 年 4 月

目 录

第一章　概　　论

一、姜目的组成和地理分布

姜目 Zingiberales，是由芭蕉科 Musaceae、旅人蕉科 Strelitziaceae、兰花蕉科 Lowiaceae、蝎尾蕉科 Heliconiaceae、姜科 Zingiberaceae、闭鞘姜科 Costaceae、美人蕉科 Cannaceae 和竹芋科 Marantaceae 8 个科组成，是一个分类连贯、界定清楚、泛热带分布和自然的单子叶植物类群，被许多植物分类学家所承认。姜目，最早是由 Nakai（1941）建立，后经众多科学家修订和补充（Tomlinson，1962；Takhtajan，1980；Cronquist，1981；Dahlgren et al.，1985）。姜目，早期又曾被称为芭蕉目 Scitamineae，由芭蕉科、姜科、美人蕉科、竹芋科 4 个科组成；其中，芭蕉科包含现在的旅人蕉科、蝎尾蕉科和兰花蕉科，姜科也包含现在的闭鞘姜科（Bentham et al.，1883）。Kress（1990）在前人研究成果的基础上完善了姜目的系统发育关系，建立了 5 个亚目及 2 个超科，并提出了姜目 8 个科的系统演化关系（如下图）。

姜目系统演化图（修订自 Kress, 1990）

姜目植物目前已知约有 97 属 2 300 余种，广泛分布于热带地区，还有一些种类可扩展至亚热带和暖温带地区，例如象牙参属产于喜马拉雅山脉，从海拔 1 500~4 880 m 均可发现它的踪迹，而柔瓣美人蕉 *Canna flaccida* 可分布到美国弗吉尼亚州（Leong-skornickova et al., 2015）。大多数姜目植物生于林下潮湿的地方；有少数生于开阔地带，如姜黄属；或生于浅水区，如水山姜、黑果山姜。中国自然分布有 5 科 29 属约 271 种。

二、姜目植物的形态特征与识别

姜目植物形态丰富多样，从匍匐于地面的小草本山柰到高达 20 m、假茎直径可达 1 m 的巨型芭蕉；从草质的假茎或茎常分枝呈亚灌木状的竹叶蕉、紫花芦竹芋，到呈棕榈状、高大木本植物的旅人蕉、大鹤望兰。

（一）形态特征

多年生草本或木质茎植物（旅人蕉科）。多数物种为陆生，少数为水生植物。具有合轴分枝的根状茎或巨大的合轴球茎（芭蕉属、地涌金莲属），或为一次结实植物（象腿蕉）。其茎（闭鞘姜科、兰花蕉科、旅人蕉科、美人蕉科、竹芋科）或假茎（芭蕉科、蝎尾蕉科、姜科），短至伸长，分枝或不分枝；通常无乳汁或少数具有乳汁（芭蕉科）。叶二列或螺旋状排列（芭蕉科、闭鞘姜科），具有叶片、叶柄和叶鞘，或具有叶枕（竹芋科），花序顶生、侧生或基生。花 3 基数，两性或单性，通常两侧对称或不对称（美人蕉科、竹芋科），花被花瓣状或有花萼、花瓣之分。发育雄蕊 1、5 或 6 枚，退化雄蕊通常呈花瓣状、钻状或小齿状或无（芭蕉科、旅人蕉科、蝎尾蕉科、兰花蕉科）。子房下位，通常 3 室，稀 1 室（舞花姜属）或 2 室（双室闭鞘姜属）。果实多数为蒴果，少数为浆果（芭蕉科，姜科椒蔻属）。

（二）姜目分科检索表

1a. 植物具有乳汁；花两性或单性；果为浆果 ·· 芭蕉科 Musaceae
1b. 植物无乳汁；花两性；果为蒴果或稀为浆果（椒蔻属，原产于非洲）
  2a. 叶片螺旋状排列，叶鞘闭合呈管状 ··· 闭鞘姜科 Costaceae
  2b. 叶片二列排列，叶鞘完全开裂，非管状或稀为管状（象牙参属的某些物种，如 *Roscoea auriculata* 和 *R. purpurea*）
    3a. 花两侧对称
      4a. 植物具有芳香气味；发育雄蕊 1 枚 ····································· 姜科 Zingiberaceae
      4b. 非芳香植物；发育雄蕊 5~6 枚
        5a. 茎为木质茎 ·· 旅人蕉科 Strelitziaceae
        5b. 茎为假茎
          6a. 子房顶端延长，花盛开时散发出动物腐臭味 ············ 兰花蕉科 Lowiaceae
          6b. 子房顶端不延长，花无动物腐臭味 ·············· 蝎尾蕉科 Heliconiaceae
    3b. 花非两侧对称
      7a. 叶具叶枕；花柱顶端弯曲 ··· 竹芋科 Marantaceae
      7b. 叶无叶枕；花柱伸直 ······································· 美人蕉科 Cannaceae

（三）姜目特征图示

1. 茎

通常位于地上，着生有节、节间、芽和叶的植物轴性器官。

美人蕉 Canna indica （美人蕉科）　　闭鞘姜 Costus speciosus （闭鞘姜科）　　旅人蕉 Ravenala madagascariensis （旅人蕉科）　　竹叶蕉 Donax canniformis （竹芋科）

2. 假茎

由叶鞘重叠包裹而成的地上部分，没有节、节间、芽和不分枝。

象腿蕉 Ensete glaucum （芭蕉科）　　墨脱野芭蕉 Musa cheesmanii （芭蕉科）　　海南假砂仁 Amomum chinense （姜科）

3. 叶片排列方式

螺旋状排列。

秘鲁闭鞘姜 Costus vargasii （闭鞘姜科）　　紫苞芭蕉 Musa ornata （芭蕉科）

4. 叶片排列方式

二列排列。

红柄郁金 *Curcuma rubescens*（姜科）

大鹤望兰 *Strelitzia nicolai*（旅人蕉科）

圆瓣姜 *Zingiber orbiculatum*（姜科）

5. 花序及花的形态

橙苞芭蕉 *Musa aurantiaca*（芭蕉科）

鹤望兰 *Strelitzia reginae*（旅人蕉科）

兰花蕉 *Orchidantha chinensis*（兰花蕉科）

狭叶蝎尾蕉 *Heliconia angusta*（蝎尾蕉科）

艳山姜 *Alpinia zerumbet*（姜科）

姜 *Zingiber officinale*（姜科）

金姜花 *Hedychium gardnerianum*（姜科）

闭鞘姜 *Costus speciosus*（闭鞘姜科）

美人蕉 *Canna indica*（美人蕉科）

竹叶蕉 *Donax canniformis*（竹芋科）

垂花再力花 *Thalia geniculata*（竹芋科）

6. 果

浆果、蒴果。

野蕉 *Musa balbisiana*（浆果）

兰花蕉 *Orchidantha chinensis*（蒴果）

绿苞山姜 *Alpinia bracteata*（蒴果）

（四）姜目代表植物图示

1. 芭蕉科

绒果芭蕉 *Musa velutina*（花序）

中华小果野芭蕉 *Musa acuminata* var. *chinensis*（花序及果）

洋红芭蕉 *Musa mannii*（花序及果）

广东芭蕉 *Musa itinerans* var. *guangdongensis*（果皮不开裂）　　绒果芭蕉 *Musa velutina*（果皮自然开裂）

2. 旅人蕉科

旅人蕉 *Ravenala madagascariensis*
（植株）　　　　　　　　　　　鹤望兰 *Strelitzia reginae*（植株）

鹤望兰 *Strelitzia reginae*（花序）　　　　　大鹤望兰 *Strelitzia nicolai*（花序）

3. 兰花蕉科

流苏兰花蕉 *Orchidantha fimbriata*（花）　　　　海南兰花蕉 *Orchidantha insularis*（花）

 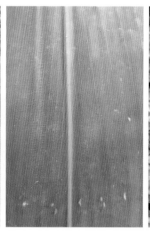 

兰花蕉 *Orchidantha chinensis*（植株）　　兰花蕉 *Orchidantha chinensis*（叶片）　　海南兰花蕉 *Orchidantha insularis*（果）

4. 蝎尾蕉科

金嘴蝎尾蕉 *Heliconia rostrata*（花序）

红火炬蝎尾蕉 Heliconia × nickeriensis（花序）　　　富红蝎尾蕉 Heliconia bourgaeana（花序）

5. 姜科

益智 Alpinia oxyphylla（花序）　　　长果砂仁 Amomum dealbatum（花序）

海南三七 Kaempferia rotunda（花）　　无丝姜花 Hedychium efilamentosum　　先花象牙参 Roscoea praecox（花）
（花）

红豆蔻 Alpinia galanga（果）　　海南假砂仁 Amomum chinense（果）　　长柄山姜 Alpinia kwangsiensis（果）

长果砂仁 *Amomum dealbatum*（果）　　　　狭花短唇姜 *Burbidgea stenantha*（果）

6. 闭鞘姜科

山柰叶闭鞘姜 *Costus spectabilis*（植株）　　　　宝塔闭鞘姜 *Costus barbatus*（植株）

闭鞘姜 *Costus speciosus*（花序及叶）　　　　光叶闭鞘姜 *Costus tonkinensis*（花）

大苞闭鞘姜 *Costus dubius*（花序）　宝塔闭鞘姜 *Costus barbatus*（花序）　纸苞闭鞘姜 *Costus chartaceus*（花序）

7. 美人蕉科

粉美人蕉 *Canna glauca*（植株）　　　安旺美人蕉 *Canna* × *generalis* 'En Avant'（花）

美人蕉 *Canna indica*（花）　　美人蕉 *Canna indica*（果）　　蕉芋 *Canna edulis*（果）

8. 竹芋科

少花柊叶 *Phrynium dispermum*　　橙苞柊叶 *Phrynium yunnanense*　　披针叶肖竹芋 *Calathea lancifolia*
（叶枕）　　　　　　　　　　（植株）　　　　　　　　　　　（植株）

橙苞柊叶 *Phrynium yunnanense*（花序）　　　橙苞柊叶 *Phrynium yunnanense*（果序）

紫背花竹芋 *Stromanthe sanguinea*（花序）　　紫花芦竹芋 *Marantochloa purpurea*（花）

三、姜目植物文化

我国对姜目植物的利用具有悠久的历史，早在公元前 600 年，《诗经》就记载了古代先民用姜科植物郁金的根状茎把酒染成黄色，用来祭祀祖先和神祇（高江云等，2006；潘俊富，2016），而对"姜"的食用和药用记载则可追溯到 2 000 多年前的《论语》《左传》等（吴德邻，1985）。佛教有"五树六花"之说，而姜目植物在"六花"之中占有二席，即芭蕉科的地涌金莲和姜科的黄姜花。

在晋代嵇含著的《南方草木状》中，古人第一次详细描述了芭蕉的形态特征和用途，"甘蕉望之如树，株大者一围余。叶长一丈或七八尺……实随华，每华一合，各有六子，先后相次，子不俱生，花不俱落。一名芭蕉或曰巴苴。剥其子上皮，色黄白，味似葡萄，甜而脆，亦疗肌。……交广俱有之。《三辅黄图》曰：汉武帝元鼎六年，破南越，建扶荔宫，以植所得奇草异木，有甘蕉二本"。

芭蕉是文人园林中普及的造景植物，一直被中国的古代文豪钟爱，唐宋时期就有含"芭蕉"诗300 余首（王林忠，2009）。"芭蕉为雨移，故向窗前种。怜渠点滴声，留得归乡梦。梦远莫归乡，觉来一翻动。"是唐代诗人杜牧的名作《芭蕉》，也是以芭蕉为题的一首诗，诗中情怀丰富，意境深远。"一片春愁待酒浇。江上舟摇，楼上帘招。秋娘渡与泰娘桥，风又飘飘，雨又萧萧。……流光容易把人抛，红了樱桃，绿了芭蕉。"是南宋词人蒋捷所作《一剪梅·舟过吴江》，其中"流光容易把人抛，红了樱桃，绿了芭蕉"为整首词的精华，是传世佳句，用植物"樱桃"和"芭蕉"的颜色变化，把岁月的流逝完美表达出来。

成语"豆蔻年华"的典故源于唐代诗人杜牧的名作《赠别》："娉娉袅袅十三余，豆蔻梢头二月初。春风十里扬州路，卷上珠帘总不如。"据考证，"豆蔻"是指姜科山姜属植物红豆蔻（高江云等，2006；潘俊富，2016）。红豆蔻花是古代文人诗词中咏花的宠儿，历朝历代均有诗或词描述或记载，如"绿叶焦心展，红苞竹箨披。贯珠垂宝珞，剪彩倒鸾枝。且入花栏品，休论药裹宜。南方草木状，为尔首题诗。"为南宋诗人范成大所作《红豆蔻花》，是古典文学作品中较详细描述红豆蔻的叶、花形态特征的诗作，诗人诸多作品中咏花唯有红豆蔻，可见此花在其心中的地位；又有后世流传另一首同名的诗，为清代诗人高景芳所作，"可怜红豆蔻，春晚亦敷荣。结蕊同心蕊，因标连理名。离人惟有泪，芳香岂无情。弹指韶光去，相看隐恨生"，是诗人借红豆蔻抒发心中的情感。"枕函香，花径漏……肠断月明红豆蔻，月似当时，人似当时否？"这首脍炙人口的词出自清代纳兰性德的《鬓云松令》。红豆蔻（豆蔻）不仅是古代诗人赞誉的对象，也在文学作品中被赋予丰富的情感内涵，这些诗词都是不同年代的文人对"红豆蔻"的经典描述。

四、姜目植物的用途

姜目约有 2 300 种植物，通常具有观赏、药用、食用及制纤维和染料等用途。姜和芭蕉应该是世界上最为人所熟知的姜目植物。其中，姜具有食用和药用价值，是人们日常生活中必不可少的植物之一；芭蕉是岭南古典园林中的主要造景植物，如富有诗意的"雨打芭蕉"景观；食用"香蕉"是著名的热带水果。

（一）观赏

姜目植物有许多种类可作观赏花卉或用于园林绿化。曾宋君等（2003）把姜目花卉的应用归纳为园林布置、盆花、切花及切叶等用途，并做了简要介绍。高江云等（2002，2005）对国产姜科 13 属 84 种植物的观赏特性进行了评价，划分为观花类、观叶类、观赏苞片类和其他观赏类群。

1. 姜目植物在园林的应用

姜目植物在园林应用上可根据植株的大小，分为大型、中型和小型植物，分别用于不同层次的搭配，常采用孤植、丛植、列植及片植，形成姜目植物的特色景观。

1.1 大型姜目植物

植株高于 2.5 m 的为大型姜目植物，是用作园林造景的骨干植物，可孤植、丛植、列植和片植，如旅人蕉科的木本植物旅人蕉、大鹤望兰，芭蕉科的象腿蕉、大蕉、野蕉、紫苞芭蕉、美叶芭蕉及拟红蕉等；姜科的多花山姜、雅致山姜、长柄山姜、草豆蔻、紫茴砂、九翅豆蔻、西藏大豆蔻、圆瓣姜花、黄姜花、肉红姜花及弯管姜等；闭鞘姜科的闭鞘姜、长圆叶闭鞘姜、双室闭鞘姜及宝塔闭鞘姜等；蝎尾蕉科的富红蝎尾蕉、金嘴蝎尾蕉等；竹芋科的紫花芦竹芋。

1.2 中型姜目植物

植株高 1~2.5 m 的为中型姜目植物，多数种类喜半荫蔽的环境，适用于公园、庭院、花坛、花境、路旁、林下或林缘布置，可采用丛植、片植和列植，主要有芭蕉科的红蕉、绒果芭蕉、橙苞芭蕉及地涌金莲；姜科的脆果山姜、红豆蔻、假益智、益智、小草蔻、大豆蔻、红姜花、毛姜花、姜花、红球姜；闭鞘姜科的红舌闭鞘姜、裂舌闭鞘姜、大苞闭鞘姜及狭叶闭鞘姜等；竹芋科的柊叶、大节芦竹芋、竹叶蕉、绿羽肖竹芋、红背竹芋及柊叶等。

1.3 小型姜目植物

植株高不及 1 m 的为小型姜目植物，可作地被植物布置，如兰花蕉属、姜黄属、山柰属的所有种、矮山姜、三叶山姜、花叶山姜、山姜、滑山姜、华山姜、箭杆风、长柄豆蔻、宽丝豆蔻、单叶拟豆蔻、绒叶闭鞘姜、矮闭鞘姜、山柰叶闭鞘姜、箭羽叶肖竹芋、荷花肖竹芋、天鹅绒竹芋、红线豹纹竹芋和豹纹竹芋等。

姜目植物的红球姜、天堂鸟、蝎尾蕉、闭鞘姜的花序和帝王花、凤梨、巢蕨等植物搭配的景观

2. 姜目的观赏特性

姜目植物的花序、苞片、花、果和叶通常形态各异,色彩丰富,少数种类还具有清香宜人的香味,适合作为观苞片类、观花类、观果类和观叶类植物应用,多数种类可用于切花和盆栽观赏。

2.1 观苞片类

姜目植物中一些种类的花序由许多具有鲜艳色彩的苞片组成。例如,姜黄属的大莪术、长序郁金、印尼莪术及姜属的蜂巢姜、红球姜,它们的花序通常由许多苞片组成圆柱状或球形,蜂巢状的孔内藏有小花;姜黄属、长管姜黄属部分种类的不育苞片具有美丽色彩,可吸引昆虫来"采访",上演一幕幕花与昆虫轮回邂逅的"蜂花恋"或"蝶恋花";还有花序形态如古代生物"三叶虫"的扁穗肖竹芋,形如塔状的宝塔闭鞘姜,如熊熊燃烧火炬的玫瑰姜,如蝎尾状的蝎尾蕉属植物,都具有很高的观赏性。许多种类的花序、苞片观赏期可长达半个月至2个月,甚至更久,代表植物主要有芭蕉科的橙苞芭蕉、红蕉(花序和苞片观赏期为2~5个月)、橘红芭蕉、洋红芭蕉、白背芭蕉、紫苞芭蕉、拟红蕉、绒果芭蕉和地涌金莲,蝎尾蕉科的富红蝎尾蕉、垂花粉鸟蝎尾蕉、红黄蝎尾蕉、扇形蝎尾蕉、阿娜蝎尾蕉、金嘴蝎尾蕉和红茸蝎尾蕉,闭鞘姜科的宝塔闭鞘姜、纸苞闭鞘姜、红闭鞘姜和菠萝姜,竹芋科的橙苞柊叶、黄花肖竹芋和扁穗肖竹芋等。

富红蝎尾蕉 *Heliconia bourgaeana*　　长序郁金 *Curcuma petiolata*　　蜂巢姜 *Zingiber spectabile*　　红蕉 *Musa coccinea*

2.2 观花类

姜目植物的花部形态具有丰富的多样性、绚丽多彩的颜色,非常引人注目。例如,山姜属的唇瓣具有丰富和美丽的色彩,形如花瓣,其实它是由内轮的2枚退化雄蕊融合成的花瓣状器官,并非是真正的花瓣,但不是花瓣更胜于花瓣(花冠裂片是姜科植物的花瓣);管唇姜属的蓝花管唇姜、粉花管唇姜,姜花属的白姜花、黄姜花等,花的外形犹如翩翩起舞的蝴蝶;茴香砂仁属的茴香砂仁通常3~6花为一轮齐开放,犹如一朵盛开的"菊花";还有花的形态如水晶般晶莹剔透的九翅豆蔻、长果砂仁,如喇叭状的闭鞘姜,如小鸟状的天堂鸟都是那样的奇特和可爱。而象牙参属、凹唇姜属和兰花蕉属的流苏兰花蕉等的花又如兰花般高雅美丽。

2.3 观果类

许多姜目植物的果实具有很高的观赏价值,但与花部特征相比,果实的观赏性状很容易被忽视,目前较少引起相关科研及花卉专家的注意。姜目植物的果实分为蒴果和浆果,具有红色、紫色、黄色、黑色、白色及橙色等丰富的色彩。果实形态各异,例如,长果姜的果实外形如豆角,砂仁及海南假砂仁的果实外形像杨梅,长果豆蔻的果实紫绿相间、具有翅膀,草豆蔻的果实为球形,这些果实都为蒴果;产自非洲的椒蔻属植物的果实为瓶形(壶形),其与芭蕉科的果实均为浆果,其中绒果芭蕉、拟红蕉、橙苞芭蕉和洋红芭蕉等是观果类植物的佳品。

黑果山姜 *Alpinia nigra*

蒙自砂仁 *Amomum mengtzense*

山姜 *Alpinia japonica*

草果 *Amomum tsao-ko*

海南姜 *Zingiber hainanense*

棱果山姜 *Alpinia oxymitra*

2.4 观叶类

　　姜目植物部分种类的叶片具有形态各异的花纹和色彩，例如海南三七、紫花山柰、橙花角山柰、花叶姜、孔雀肖竹芋、玫瑰竹芋和具有细条纹的白线美山姜；叶背面紫红色的弯管姜、美叶闭鞘姜、秘鲁闭鞘姜、紫背花竹芋、紫背柊叶等。这类叶片具彩色斑纹的植物适合盆栽观赏，或切叶用于插花的辅材。花叶艳山姜、条纹美人蕉还可应用于色带和色块布置。

橙花角山柰 *Cornukaempferia aurantiiflora*

花叶姜 *Zingiber collinsii*

白线美山姜 *Alpinia formosana* 'Pinstripe'

（二）药用

姜目的药用植物主要来源于姜科，如著名的传统中药春砂仁、益智子、小豆蔻、高良姜、白豆蔻、姜黄、莪术、郁金和姜（生姜、干姜）等，在众多古代本草典籍均有记载。

春秋至秦汉时期，《神农本草经》是我国现存最早的药学著作（罗琼等，2015），收载药物365种，分为上、中、下三品（类），其中收录姜科植物"干姜"（姜的干燥根状茎）为中品，"主胸满咳逆上气，温中止血，出汗，逐风，湿痹，肠澼，下利。生者尤良，久服去臭气，通神明。生川谷"，并记载了具体用途和生境。《名医别录》另立"生姜"用途和"干姜"相区别，并有另一种姜科植物高良姜的记载。

南北朝时期，梁代陶弘景著的《本草经集注》中首次收录芭蕉科植物"芭蕉根"，记载了性味、主治和产地；其中记载的姜（生姜、干姜）的性味主治与《神农本草经》《名医别录》相同。

隋唐至五代时期，唐代甄权所著的《药性论》中首次记载"缩砂蔤"，为姜科植物"砂仁"，"出波斯国，味苦、辛。主冷气腹痛，止休息气痢，劳损，消化水谷，温暖脾胃"。唐代李绩、苏敬等所著的《新修本草》也有姜的记载。陈藏器著的《本草拾遗》收录姜科植物益智，并对它的原产地做了描述，"益智出昆仑及交趾国，今岭南州郡往往有之"。五代前蜀李珣著的《海药本草》有红豆蔻、砂仁（缩砂蔤）等的记载。

宋元时期，宋代刘翰、马志等所著的《开宝本草》有缩砂蔤（砂仁）的记载："生南地，苗似廉姜，子形如白豆蔻……"宋代苏颂著的《本草图经》记载有姜、高良姜、郁金、姜黄、蓬莪术（莪术）、缩砂蔤（砂仁）、白豆蔻等。元代的王好古著的《汤液本草》等也有收录姜科的药用植物。

明清时期，明代刘文泰等著的《本草品汇精要》、李时珍著的《本草纲目》、清代汪昂著的《本

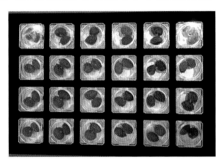

春砂仁 *Amomum villosum*（药材）

草备要》及严西亭著的《得配本草》等本草著作均有关于郁金、姜黄、蓬莪术、芭蕉根、益智子、砂仁、白豆蔻、草豆蔻、高良姜和山柰等姜目药用植物的记载。

生姜的主要化学成分可归属为挥发油、姜辣素、二苯基庚烷三大类（胡炜彦等，2008）。生姜提取物兼具抗氧化和抑菌的作用，且安全可食用，对微生物具有很强的杀菌作用和抗氧化能力，可以有效杀死多种果蔬表面的有害微生物，是一种安全无毒的天然保鲜剂（李伟锋等，2013）。生姜具有促进消化液分泌、保肝利胆、降血糖、降血脂、抗氧化、抗衰老、抗肿瘤、抗炎、抗微生物、抗辐射、保护心血管等作用（李大峰等，2011）。

郁金的根状茎及块根有行气破血、消积止痛、清心解郁、利胆退黄等功效。药理实验表明有保肝利胆、兴奋肠平滑肌、抗肿瘤、抗氧化等作用。中药"郁金"原材料为姜科植物的温郁金、姜黄、广西莪术和莪术（蓬莪术）的干燥根状茎，习惯称为"温郁金、黄丝郁金、桂郁金和绿丝郁金"（国家药典委员会，2010）。姜黄的根状茎含姜黄素，可作化学分析试剂，对癌细胞和肿瘤有抑制作用（王琰等，2001；肖红艳等，2006；张丽娟等，2008）。姜黄根状茎为中药"姜黄"的原材料，能行气破瘀、通经止痛，主治胸腹胀痛、肩臂痹痛、月经不调、闭经及跌打损伤。

中国有姜目植物 271 种，目前有明确药用记载的不足一半，还有许多种类没有明确的药用价值的记载，例如，海南姜、橙苞柊叶、皱叶山姜和云南兰花蕉等，可进行现代药理实验，加大发掘民间和民族的用药经验，以扩大药源和应用范围，在开发与利用的同时应考虑对野生植物资源的保护，以促进良性循环维护自然生态平衡。

（三）食用

生姜根状茎是日常生活中常用的调味品，可酿酒或加工制作成多种食品，如姜汁饮料、姜醋饮料、姜汁奶制品、生姜风味小食品、甘草酸梅姜、葱酥糖姜片等（李月文，2005），茎还是加工成饼干的主要原料。益智和春砂仁的果实可加工成保健食品，如 九制益智、甜酸益智、糖沙益智、蜜饯益智、春砂仁酒、春砂仁蜜等。

食用"大蕉"或"香蕉"源于野生植物小果野蕉和野蕉的种间或种内杂交所产生的栽培品种，大部分都是不产生种子的三倍体（$3n = 33$），经长时间选育，从而形成丰富的栽培品系及品种。食用香蕉在全球 120 多个国家和地区有栽培，主要集中于中南美洲和亚洲，被联合国粮农组织认定为第四大粮食作物，仅次于水稻、小麦和玉米（冯慧敏等，2009，2011）。然而，野生芭蕉是可以产生许多种子的二倍体（$2n = 22$），它们的果实由于种子多、果肉少而不能食用；还有一些野生种的果实、花、嫩心及根状茎有毒，如红蕉。竹芋科的竹芋，其根状茎富含淀粉，可煮食或提取淀粉制作成面条或糊用，广东人还喜欢用其根状茎煲猪骨汤，有清肺、利水功效。此外，姜科九翅豆蔻和砂仁等成熟的新鲜果实和闭鞘姜科的宝塔闭鞘姜的花也可以食用，味酸甜。

市场出售的各种香蕉品种，粉蕉（上）、香蕉（下左）、大蕉（下右）

据考证，成书于公元前26年至公元前6年的《楚辞》提到过的"襄荷"与"苴蒪"，就是当今的姜属植物襄荷或阳荷，古人常采集其花苞和嫩芽作为蔬菜，至今在云南、贵州等地仍作为时令蔬菜（高江云等，2006）。九翅豆蔻、姜花、海南三七等植物的嫩茎是云南傣族等少数民族喜爱的蔬菜（黄加元，2005）。野芭蕉的雄花和假茎的嫩"心"常被云南和西藏的一些少数民族作野菜食用。

襄荷 *Zingiber mioga*

白姜花的花清香宜人，可制成花茶，采摘新鲜的白姜花（刚盛开或即将盛开的花苞）与红茶搭配冲泡，可增香和明显改善口感，别有一番风味。

（四）其他用途

生姜及其提取物能作为调味剂、抗氧化剂、护色剂、保鲜剂、防腐剂、肉类嫩化剂、酒类澄清剂和凝乳剂等，用于多种食品加工（李大峰等，2011）。小豆蔻、砂仁、爪哇白豆蔻（白蔻）、草果、山柰及姜黄等是绝佳调味香料。姜黄根状茎还可提取芳香油和黄色食用染料。黄花肖竹芋和白背芭蕉的叶背具灰白色蜡质层，是潜在的高档植物蜡。芭蕉属和柊叶属的叶片在民间常用作包物。芭蕉属的假茎还可作猪饲料。蕉麻又名马尼拉麻，假茎富含纤维，属硬质纤维，拉力强，有良好的抗海水腐蚀、抗霉和抗挠曲性能，多用于制作缆绳，也可用来编织帽子等。草豆蔻是山姜属植物，广东省阳春市圭岗镇的村民称为"山姜麻"，利用晾晒干草豆蔻的叶鞘用于编织成坐垫，产品主要出口至欧洲。

五、我国姜目植物资源现状

我国自然分布的姜目植物有5科29属约271种（含变种），主要分布于华南至西南地区，华东

及华中地区有零星分布，有明显的地域限制。其中姜科有21属约231种，分布于海南、广东、广西、香港、澳门、四川、重庆、云南、西藏、贵州、湖南、湖北、江西、福建、台湾、江苏、浙江、安徽、陕西等省区，山姜属的山姜最北可分布到安徽南部，姜属的襄荷最北可分布到陕西南部。芭蕉科有3属约22种，分布于海南、广东、广西、云南、贵州、四川、西藏、湖南、台湾。竹芋科有3属约9种，分布于海南、广东、广西、云南、贵州、西藏、福建、台湾。闭鞘姜科有1属5种，分布于海南、广东、广西、云南、西藏、台湾。兰花蕉科有1属4种，分布于海南、广东、广西、云南（见下表）。

我国姜目植物种质资源及自然分布一览表

科	属	种	数量	分布（省、区）
芭蕉科 Musaceae	象腿蕉属 Ensete	象腿蕉	1	云南
	芭蕉属 Musa	拟红蕉、云南芭蕉、野蕉、台湾芭蕉等	20（含5变种）	海南、广东、广西、云南、贵州、四川、西藏、湖南、台湾
	地涌金莲属 Musella	地涌金莲	1	云南、贵州
兰花蕉科 Lowiaceae	兰花蕉属 Orchidantha	兰花蕉、海南兰花蕉、长萼兰花蕉及云南花蕉	4（含1变种）	海南、广东、广西、云南
姜科 Zingiberaceae	山姜属 Alpinia	草豆蔻、长柄山姜、云南草蔻等	55（含3变种）	海南、广东、广西、香港、澳门、四川、重庆、云南、西藏、贵州、湖南、湖北、江西、福建、江苏、浙江、安徽、台湾
	豆蔻属 Amomum	春砂仁、九翅豆蔻、草果、海南砂仁等	39（含1变种）	海南、广东、广西、贵州、四川、云南、西藏、福建
	凹唇姜属 Boesenbergia	白斑凹唇姜、心叶凹唇姜、凹唇姜	3	云南
	距药姜属 Cautleya	多花距药姜、距药姜、红苞距药姜	3	云南、西藏、贵州、四川
	姜黄属 Curcuma	姜黄、郁金、黄花姜黄、莪术等	12	海南、广东、广西、四川、重庆、云南、西藏、浙江
	拟豆蔻属 Elettariopsis	单叶拟豆蔻	1	海南
	茴香砂仁属 Etlingera	茴香砂仁、红茴砂	2	云南、海南
	舞花姜属 Globba	舞花姜、毛舞花姜、峨眉舞花姜等	5	广东、广西、贵州、湖南、四川、重庆、西藏、云南
	姜花属 Hedychium	姜花、黄姜花、峨眉姜花、红姜花等	31（含3变种）	海南、广东、广西、贵州、湖南、四川、西藏、云南
	山柰属 Kaempferia	山柰、海南三七、白花山柰	7（含1变种）	广东、广西、海南、云南、台湾
	大豆蔻属 Hornstedtia	大豆蔻、西藏大豆蔻	2	海南、广东、西藏
	大苞姜属 Monolophus	黄花大苞姜	1	广东、广西
	偏穗姜属 Plagiostachys	偏穗姜	1	海南、广东、广西
	直唇姜属 Pommereschea	直唇姜、短柄直唇姜	2	云南
	苞叶姜属 Pyrgophyllum	苞叶姜	1	云南、四川
	喙花姜属 Rhynchanthus	喙花姜	1	云南
	象牙参属 Roscoea	早花象牙参、藏象牙参、大花象牙参等	17（含3变种）	西藏、云南、四川
	长果姜属 Siliquamomum	长果姜	1	云南
	土田七属 Stahlianthus	土田七	1	云南、广西、广东、福建
	法氏姜属 Vanoverberghia	兰屿法氏姜	1	台湾
	姜属 Zingiber	珊瑚姜、侧穗姜、海南姜、南岭姜等	45	海南、香港、广东、广西、湖南、湖北、贵州、四川、重庆、西藏、云南、江西、江苏、浙江、福建、台湾、安徽、陕西

科	属	种	数量	分布（省、区）
闭鞘姜科 Costaceae	闭鞘姜属 Costus	闭鞘姜、光叶闭鞘姜、长圆闭鞘姜等	5	海南、广东、广西、云南、西藏、台湾
竹芋科 Marantaceae	竹叶蕉属 Donax	竹叶蕉	1	台湾
	柊叶属 Phrynium	橙苞柊叶、海南柊叶、少花柊叶、具柄柊叶等	6	海南、广东、广西、云南、西藏、福建
	穗花柊叶属 Stachyphrynium	穗花柊叶、尖苞穗花柊叶	2	海南、广东、广西、云南、贵州

我国具有丰富的野生姜目植物资源，除目前已知的种类外，可能还有许多物种有待发现。近年来，在 *Flora of China* 出版后，还有一些新的姜目物种被发现并命名，例如兰花蕉科 Lowiaceae：*Orchidantha yunnanensis* P. Zou，C. F. Xiao et al.（2017）；竹芋科 Marantaceae：*Phrynium pedunculiferum* D. Fang（2002），*Phrynium yunnanense* Y. S. Ye et L. Fu（Fu et al.，2017）；芭蕉科 Musaceae：*Musa paracoccinea* A. Z. Liu & D. Z. Li（2002），*Musa chunii* Häkkinen（Häkkinen et al.，2008）；姜科 Zingiberaceae：*Alpinia rugosa* S. J. Chen & Z. Y. Chen（Zhou et al.，2012），*Curcuma gulinqingensis* Chen & Xia（2013），*Curcuma nankunshanensis* N. Liu，X. B. Ye et J. Chen（2008），*Zingiber nanlingensis* L. Chen，A. Q. Dong & F. W. Xing（2011），*Zingiber hainanense* Y. S. Ye，L. Bai et N. H. Xia（2015），等。

六、姜目植物的引种、繁殖与栽培

（一）姜目植物的引种

姜目植物的多数种类生长在热带、亚热带的潮湿地方，喜土壤有机质丰富、排水良好、荫蔽度和温湿度适宜的环境。活体引种一般于3—8月进行，大多数种类都在这个时间段开花，如芭蕉属、柊叶属、闭鞘姜属和姜科的多数植物，在此期间引种能提高成活率，并方便鉴定。在野外采集活体时应选择强壮无病虫害的植株，挖起根状茎去除泥土，剪去枝叶和多余的根，可用湿苔藓包裹保湿处理，如果是干苔藓可放置水中浸泡透，再用手挤干水分即可用。采集种子时，要注意果实的成熟度，尽量采收成熟饱满的果实，装入采种袋或纸袋阴干即可，切勿暴晒和烘烤。采集珠芽时应尽量采收成熟饱满的珠芽，用湿苔藓包裹保湿。无论是采集活体、种子还是珠芽，应准确记录每份材料的采集时间、地点、生境和主要特征，并编号挂牌，建立详细的引种档案。

野外采集西藏大豆蔻的根状茎　　　野外采集姜花属植物的根状茎　　　野外采挖海南三七

（二）繁殖方式

姜目植物繁殖方法可分为有性繁殖和无性繁殖。

1. 有性繁殖

即播种繁殖。姜目植物的果实为蒴果或浆果，种子通常具假种皮，果皮开裂或不开裂。选择成熟饱满的果实，当其从绿色转为红色或果皮开裂种类的先端开始裂开，此时即为最佳采收期。采收后的果实置于阴凉处摊开，待果实自然开裂（不开裂的必须人为切开），即可取出种子，去除杂质，选择成熟饱满的种子。通常采用即采即播，种子发芽率高。

2. 无性繁殖

包括分株繁殖、珠芽繁殖、扦插繁殖及组织培养等。

2.1 分株繁殖

分株繁殖是最常用、最简单的繁殖方法。选取一年生或二年生的植株，每丛3~6株，用刀切开分离母株，清除受伤部分并消毒处理，将茎叶剪去2/3或剪去部分叶片种植。

分株繁殖　　　　　　　　　　　　　　　　　种子苗上盆

2.2 珠芽繁殖

舞花姜属、姜属、山姜属、闭鞘姜属及柊叶属的一些种类在花序苞片或叶腋中会产生珠芽。将珠芽置于基质为泥炭土、珍珠岩及少量河沙的沙床或花盆中，这些珠芽能较快发芽形成新的植株，在适当时移植。

2.3 扦插繁殖

闭鞘姜科和茎有节的竹芋科植物，可以通过扦插茎秆繁殖。将成熟的茎切成带3~4节（叶）的段，去除叶片留下叶柄，通常直插或斜插入插床中，保持湿润和遮荫，过一段时间后，节间会长出新芽形成幼苗，在适当时移植。

2.4 组织培养

利用组织培养技术可对姜目植物进行快速地大规模繁殖，通常是在无菌条件下采用母株吸芽、未成熟的雄花、花序轴、幼茎及苞片等为外植体（路国辉等，2011；张建斌等，2012）。我国目前已知成功进行组织培养的种类有10多种，如香蕉、鹤望兰、红姜花、姜花、花叶艳山姜和姜荷花等。

扦插繁殖　　　　　双翅舞花姜的珠芽　　　一种舞花姜的珠芽　　　光果姜的珠芽

（三）姜目植物栽培

姜目植物通常喜欢生长在腐殖质丰富、潮湿和排水良好的环境，栽培土质以疏松、肥沃、有机质丰富的土壤为宜，土壤要保持一定湿度，但要避免积水；所需最适光照为50%~70%，生长适温为20~30℃。虽然大部分姜目植物不能忍受积水，但也有少数种类可自然生长在沼泽环境中，此类植物不能忍受干旱，如再力花属植物、美人蕉属植物、黑果山姜、水山姜、白姜花和黄姜花，可开发成典型的水生植物，用于湿地绿化或水体绿化。

姜目植物的多数种类喜高温多湿和半荫蔽的环境，因此有一些种类在夏天需防高温，应将其放在阴凉处或搭荫棚以避免阳光直射；冬季应注意防寒，将植物移入无风、较温暖的环境越冬（路国辉等，2011）。有一些需要注意的姜目植物，如姜黄属、山柰属、舞花姜属、玉凤姜属、土田七、闭鞘姜属和姜属的部分种类，通常在9—11月进入休眠期，地上部分植株逐渐枯黄，此时需要注意控制水分和及时修剪，翌年春季地下部分又会重新发芽生长。对于附生在树上或岩石上的一些姜科植物，如喙花姜、距药姜属和姜花属的部分种类，可以模仿野外生长环境，用苔藓绑在树干上的分杈处或放置在有凹缝的山石上用腐殖土种植，但需要经常喷水保湿；也可用1~2 cm大的旧红砖块混合腐殖土种植，但一定要把植株的肉质根状茎裸露出地面或栽培于基质之上，否则肉质根状茎会腐烂死亡。

大莪术（左上，花序、叶片刚抽出不久；左下，叶片完全展开；右，冬季进入休眠期）

七、姜目植物常见病虫害识别与防治

姜目植物因其鲜明的叶色、鲜艳的花色、形态各异的株形等特点，观赏价值不断提升，并因具有一定的药用价值而广受大众青睐。在长期的开发与利用过程中，发现姜目植物会受到各种病虫害侵袭，对其正常生长发育造成严重影响。华南地区高发病虫害主要包括姜弄蝶、黄褐球须刺蛾、棕翅长喙象、姜瘟、炭疽病、叶斑病等。病虫害防治应以"预防为主、防治结合、综合治理"为原则，结合日常栽培管理，营造植株舒适的生长环境，提高植株抗虫抗病能力，防患于未然。

（一）虫害

1. 亮冠网蝽 *Stephanitis typica* Distant

该虫可为害芭蕉科、姜科、番荔枝科及桑科等植物。以成虫、若虫于叶背刺吸汁液为害。叶片受害后正面出现白色褪绿斑点，大量发生时叶片呈锈色污斑，严重影响植株光合作用，引起植株提早衰弱，叶片枯死；被害叶片背面常可发现大量黑色点状虫粪及白色若虫蜕皮壳，影响植株观赏价值。卵常产于叶背叶肉组织内，集中成堆。

在南方地区该虫一年发生 6~7 代，世代重叠现象明显，活跃于 4—11 月，但无明显越冬现象，冬季仍可见其为害。

防治建议：通过定期修剪，适当降低植株生长密度，提高植株间通风透光性。加强水肥管理，提高植株抗虫抗病能力。做好冬季清园工作，彻底清除枯枝落叶及病株，减少越冬虫源。该虫害大量发生时，可叶面喷施 10% 氰虫酰胺可分散油悬浮剂 3 000~4 000 倍液防治。

亮冠网蝽成虫与若虫

亮冠网蝽成虫

亮冠网蝽为害状一

亮冠网蝽为害状二

2. 桃蛀野螟 *Dichocrocis punctiferalis* Guenee

该虫为杂食性害虫，除可为害芭蕉科、姜科、蝎尾蕉科等姜目植物外，还为害玉米、石榴、柑橘、枇杷等 40 多种植物。幼虫蛀食茎、穗轴和花序，并在蛀道内排出大量粪便，引起病原菌在伤口处侵染，使整个花穗迅速腐烂发臭，造成植株不能正常开花结果，茎被害后容易折断，严重时可致全株枯萎。桃蛀野螟在广东地区一年发生 5~6 代，世代重叠现象明显。越冬代幼虫于翌年 3 月中旬化蛹，4—5 月可见第一代成虫，幼虫主要发生期在 6—8 月。

防治建议：利用成虫具有趋光特性，每年 3 月下旬至 9 月中下旬夜晚悬挂振频式杀虫灯诱杀成虫。发现幼虫少量为害时，应及时剪除带虫植株并集中处理。该虫害大量发生时，可叶面喷施 8 000 IU/mL 苏云金杆菌悬浮剂 1 000 倍液或 5% 甲维盐水分散粒剂 1 500 倍液防治。

桃蛀野螟幼虫一

桃蛀野螟幼虫 二

桃蛀野螟成虫

桃蛀野螟为害状

3. 棕翅长喙象 *Xenysmoderes longirostris* Hustache

该虫主要为害山姜属、姜花属、山姜属与砂仁属的属间杂交种等姜科植物。成虫和幼虫均为害花器官，成虫用长喙嚼食花瓣，造成许多褐色小穿孔，致花瓣迅速腐烂。幼虫孵化后先蛀食花丝、花药，随后则取食雌蕊、雄蕊，并由花柱往子房蛀食，造成花序提早萎蔫不能正常开放，遇雨天花序则迅速腐烂。成虫体型较小，体长约 3.5 mm，虫体呈宽卵形；雌成虫喙与虫体等长，喙浅弧形向下弯曲，虫体背面呈红棕色，腹面为白色；雄成虫喙长为体长一半，喙浅弧形，虫体背面棕黑色，腹面白色。成虫具明显假死性。广州地区一年发生 3~4 代，3—10 月为此虫为害期。

防治建议：做好冬季清园工作，彻底清除枯枝、落叶及病株，减少越冬虫源。该虫害大量发生时，可喷施 20% 氯虫酰胺悬浮剂 6 000 倍液防治。

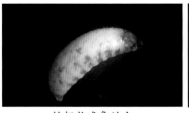

棕翅长喙象幼虫

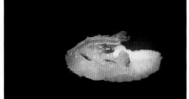

棕翅长喙象蛹

棕翅长喙象成虫一

棕翅长喙象成虫二

棕翅长喙象为害状

4. 黄褐球须刺蛾 *Scopelodes testacea* Butler

该虫为杂食性害虫，除为害芭蕉科、旅人蕉科、蝎尾蕉科等姜目植物外，还可为害龙眼、荔枝、人面子、无忧树、紫金牛等植物。低龄幼虫群集于叶背取食为害，5龄幼虫进入暴食期，常把叶片吃尽只剩叶柄，严重时可吃掉全叶。幼虫长椭圆形，具枝刺且枝刺丛发达，体黄绿色至翠绿色，体侧有明显椭圆形靛蓝色斑。老熟幼虫有下地化蛹现象。该虫在广州地区一年发生2代，5月上旬可见越冬代成虫，5—11月为此虫为害期，成虫具明显趋光性。

防治建议：及时摘除带虫枝叶并集中烧毁，在植株基部周围土壤挖除虫茧。利用成虫具较强趋光性，可在成虫羽化期间于晚上悬挂振频式杀虫灯诱杀。该虫大量发生时，可喷施24%甲氧虫酰肼悬浮剂4 000倍液防治。

黄褐球须刺蛾低龄幼虫一

黄褐球须刺蛾低龄幼虫二

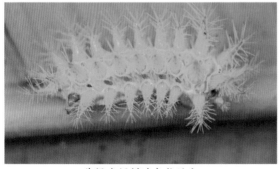

黄褐球须刺蛾老熟幼虫

黄褐球须刺蛾成虫

5. 黄斑蕉弄蝶 *Erionota torus* Evans

该虫主要为害芭蕉属植物。以幼虫吐丝把叶片卷成筒状藏匿，并在卷叶内取食叶片为害，边吃边卷叶加大虫苞，3龄幼虫食量开始暴增，出现转苞为害现象，整个幼虫期可转苞1~3次；老熟幼虫可将大半张叶片卷成虫苞。该虫害大量发生时可造成整个植株虫苞累累，仅剩光杆。幼虫体表分泌白色蜡粉，老熟幼虫在虫苞中化蛹。该虫在广州地区一年发生3~4代，8—9月发生较严重。

防治建议：及时人工摘除虫苞并集中烧毁；冬季清园时集中处理虫叶、枯枝和落叶，减少越冬虫源。该虫害大量发生时可喷施24%甲氧虫酰肼悬浮剂4 000~5 000倍液防治。

黄斑蕉弄蝶幼虫

黄斑蕉弄蝶成虫一

黄斑蕉弄蝶成虫二

黄斑蕉弄蝶为害状

6. 斜纹夜蛾 *Prodenia litura* Fabricius

该虫为杂食性、高抗药性害虫，可为害99科290多种植物。以幼虫取食叶片形成缺刻为害，低龄幼虫具有明显群集性，仅啃食叶片表皮；4龄幼虫进入暴食期，抗药性剧增，植株叶片可在数天内被吃光，只剩光杆。该虫在广州地区一年6~7代，5—10月为高发期，无明显越冬现象，世代重叠明显，成虫具明显趋光性。

防治建议：利用成虫具较强趋光性，可在成虫羽化期间于晚上悬挂振频式杀虫灯诱杀。冬季清园时集中处理虫叶、枯枝和落叶，减少越冬虫源。化学防治应于低龄幼虫时期开展，可喷施斜纹夜蛾核型多角体病毒进行防治。

斜纹夜蛾幼虫一

斜纹夜蛾幼虫二

斜纹夜蛾成虫一

斜纹夜蛾成虫二

7. 短额负蝗 *Atractomorpha sinensis* Bolivar

　　该虫为杂食性害虫，除为害观赏姜目植物外，还为害一串红、鸡蛋花、玫瑰、扶桑、茉莉、香樟、睡莲、柠檬、栀子花、爬山虎、凌霄花、万寿菊等植物。以成虫和幼蝻取食植物叶片为害，幼蝻具有群集性，多在草地上取食草本植物，成虫有一定迁飞能力。该虫大量发生时可于数日内把植株叶片吃光。短额负蝗在广州地区一年发生 2~3 代，每年 4 月下旬可见幼蝻出现，以卵块在泥土中越冬。

　　防治建议：加强栽培管理，定期进行松土，清除在泥土中的卵块；冬季清园时集中处理枯枝、落叶，减少越冬虫源。化学防治应注意抓住幼蝻时期，可叶面喷施 4.5% 高效氯氰菊酯乳油 1 500 倍液防治。

短额负蝗成虫一

短额负蝗成虫二

（二）病害

1. 姜瘟病

该病又称青枯病，为细菌性病害，主要侵染姜科植物地下茎及根。植株受害后肉质茎呈黄褐色水渍状，随后组织出现逐渐软化腐烂症状，仅剩外表皮，伴有强烈臭鸡蛋味；地上茎呈暗紫色，内部组织变褐色且腐烂，叶片萎蔫褪绿，病害发展至后期出现全株叶片下垂并枯死。病原菌常由植株根系或茎伤口入侵，随后扩散至整株。该病可随地表径流扩散传播，因此降雨可导致该病大爆发和流行。

防治建议：种植姜目植物前必须对种植地进行土壤消毒，可撒施石灰粉提高土壤酸碱值，对病原菌产生拮抗作用。加强水肥和栽培管理，提高植株抗病能力；及时清除发病植株，集中销毁，避免病菌随地表径流扩散传播。发病初期可喷施 72% 农用硫酸链霉素可溶性粉剂 4 000 倍液或 20% 喹菌铜可湿性粉剂 600 倍液防治。

2. 炭疽病

该病为真菌性病害，常见于姜科、芭蕉科及竹芋科观赏植物。病斑多从叶尖或叶缘开始，初为暗绿色近圆形小斑，边缘褐色，逐渐发展为灰白色，后期变为灰褐色，呈云纹状，边缘深褐色，中部枯白色，具明显晕圈。多个病斑可愈合成大型不规则病斑，空气湿度较大时病斑上着生大量小黑点，为病菌分生孢子盘，小黑点上伴有橙色孢子溢出。高温、高湿、多雨季节有利于该病发生与蔓延。

防治建议：加强水肥和栽培管理，提高植株抗病能力；及时清除发病植株并集中销毁。冬季清园时集中处理病株、病叶、枯枝和落叶，以减少越冬病残体。发病初期可喷施 10% 苯醚甲环唑水分散粒剂 2 000~2 500 倍液防治。

炭疽病为害状一

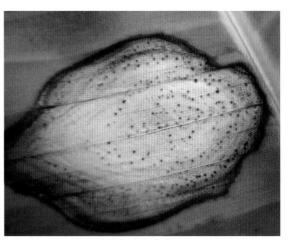
炭疽病为害状二

3. 锈病

该病为真菌性病害，高发于美人蕉科观赏植物。植株感病后，初期叶片出现黄色水渍状小点；随着病情发展，小点逐渐扩大呈具黄绿色晕圈的小斑，病斑上具橙黄色疱状突起；病害发展后期，整个叶面和叶背满布橘黄色粉状物，叶片褪绿发黄提早脱落，严重影响植株正常生长。该病在广州地区 3—7 月为高发期，病菌可随风随水传播。

防治建议：冬季清园时集中烧毁处理病叶、落叶减少越冬病残体。发病初期，可叶片均匀喷施 15% 三唑酮可湿性粉剂 1 500 倍液、25% 嘧菌酯悬浮剂 1 500 倍液或 10% 苯醚甲环唑水分散粒剂 2 000~2 500 倍液防治。

锈病为害状一

锈病为害状二

锈病为害状三

第二章　姜目植物

芭蕉科 Musaceae A. L. Jussieu

多年生、小至大型草本，全株具有乳汁。具有合轴分支的根状茎或巨大的合轴球茎（芭蕉属、地涌金莲属）；或为一次结实植物（象腿蕉属），结果后整株死亡。假茎自 0.6 m（地涌金莲）至高可达 15 m（巨型芭蕉）。假茎由叶鞘层层相互包卷而成，纤细（直径 3~6 cm，红蕉）或粗壮（直径最大的可达 1 m，巨型芭蕉），不分枝。叶螺旋状排列，具长的叶柄；叶片全缘，羽状脉。聚伞状圆锥花序顶生，直立（橙苞芭蕉）或下垂（野芭蕉）。苞片佛焰苞状，螺旋状排列，通常具鲜艳色彩，脱落（芭蕉属）或宿存（象腿蕉属、地涌金莲属）。无小苞片。花两性或单性，两侧对称。花被 2 轮；外轮 3 枚花被片与内轮的 2 枚花被片融合成为一合生具有 5 齿或 5 裂片的花被片；近轴内轮的花被片离生。雄蕊 5 枚，离生；花药 2 室。雌蕊 1 枚；子房下位，3 室；胚珠多数，倒生；中轴胎座。花柱 1 枚，线形，顶端通常膨大。浆果，果皮不开裂，或开裂（绒果芭蕉）。种子坚硬，无假种皮。

3 属约 40 种。热带非洲、亚洲热带与亚热带地区有分布，中国产 3 属约 22 种。本书描述 3 属 18 种（含 4 变种）。

象腿蕉属 *Ensete* Horaninow

多年生、独茎草本，为一次结果植物。假茎粗壮，基部膨大呈坛状。花序初时呈莲座状，下垂，老时延长成柱状；苞片宿存。

约 10 种。分布于非洲中部，亚洲南部、东部，中国产 1 种。

象腿蕉

Ensete glaucum (Roxburgh) Cheesman

形态特征：多年生草本，高可达 5 m。假茎单生，黄绿色，基部膨大粗壮如"象腿"或呈坛状，具淡橘黄色汁液。花序下垂，长 50~250 cm；苞片宿存，绿色。浆果倒卵形，苍白色，先端粗而圆，近无柄；种子球形，黑色，平滑，坚硬。

习性：为一次结实植物，一生只开一次花、结一次果便死亡，在姜目家族里是极为罕见的现象。喜生于土层深厚、肥沃、排水良好的微酸性土壤。生长适温为 25~30℃，不耐寒。种子繁殖。

分布：中国云南南部及西部；尼泊尔、印度、缅甸、泰国、菲律宾、印度尼西亚有分布。

观赏价值及应用：植株奇特，形态优美，假茎粗壮如"象腿"，花序下垂，开花时如下垂的"莲花"，渐延长成"象鼻"状，长 50~250 cm。栽培于庭院供观赏，或用于园林造景。假茎可作猪饲料。根和假茎药用，性味功能：味苦、涩，性寒，可清火解毒、利水消肿、降血压，主治水肿、小便热涩疼痛、高血压。

芭蕉属 *Musa* Linnaeus

多年生草本，具有合轴分支的根状茎。假茎基部轻微膨大或不膨大；叶片长圆形。花序直立、下垂或半下垂，疏松，具花序柄；花序轴下部（近端）的苞片（每苞片有花 1 或 2 列）为雌性，或很少为两性；生于上部（远端）的为雄性。苞片红色、暗紫色、橙色或很少为黄色等，平滑或具浅槽，花后脱落。浆果延长，具多数种子。

约 30 种。从喜马拉雅山脉、中国南部到澳大利亚北部、菲律宾及太平洋岛屿有分布；中国产 20 种（含 5 变种）。

中华小果野芭蕉

Musa acuminata Colla var. *chinensis* Häkkinen & H. Wang

形态特征： 丛生草本，高 2~5 m。假茎、叶柄被蜡质白粉。叶片狭椭圆形。花序半下垂；花序柄无毛，绿色；苞片外面蓝紫红色，内面暗红色；花淡黄色。浆果圆柱形，内弯，长 9~11 cm，成熟时黄色，果肉白色；种子扁平，具皱纹。

习性： 喜湿润、土层深厚、肥沃、排水良好的微酸性土壤。生长适温为 25~30℃。种子和分株繁殖。

分布： 中国云南南部。

观赏价值及应用： 形态优美，苞片蓝紫红色，栽培于庭院供观赏，或用于园林造景。

美叶芭蕉

Musa acuminata Colla var. *sumatrana* (Beccari ex André) Nasution

形态特征：丛生草本，高 1.5~4 m。幼叶上面紫红色间有绿色斑，老时变绿色，叶背紫红色，老时变黄绿色。花序半下垂或下垂；花序柄、花序轴紫红色，密被短绒毛；苞片紫红色；花淡黄色。浆果圆柱形，内弯，紫红色或紫红绿色。

习性：喜湿润、土层深厚、肥沃、排水良好的土壤。生长适温为 25~30℃。种子和分株繁殖。

分布：原产于印度尼西亚苏门答腊岛，中国华南地区有引种栽培。

观赏价值及应用：形态优美，幼叶上面紫红色间有绿色斑，背面紫红色，花期长，是观花观叶两相宜的观赏芭蕉，栽培于庭院供观赏，或用于园林造景。

橙苞芭蕉（新拟）

Musa aurantiaca G. Mann ex Baker

形态特征：丛生草本，高 1.2~2 m。假茎细长，基部直径 4~5 cm。叶片长椭圆形，黄绿色，基部不对称。花序直立，花序柄橙红色，花序轴紫红色；苞片橙红色或橙黄色；花橙黄色。浆果圆柱形，果皮成熟时变黄色；种子近圆形，直径约 2 mm。

习性：喜湿润、土层深厚、肥沃、排水良好的土壤。适宜半荫蔽的环境，生长适温为22~30℃。种子和分株繁殖。

分布：中国西藏（墨脱）；印度、缅甸也有分布。

观赏价值及应用：形态优美，观赏价值极高，适宜丛植或片植于庭院供观赏，可用于切花，也可盆栽供观赏。

野蕉

Musa balbisiana Colla

别名：伦阿蕉

形态特征：丛生草本，高 3~6 m。假茎粗壮。叶片长圆形，基部耳形，两侧不对称。花序下垂，长 1~2.5 m；苞片外面暗紫红色，被白粉，内面紫红色，开放后反卷。浆果倒卵形，具棱角，成熟时黄色；种子扁球形，褐色，具疣。

习性：喜湿润、土层深厚、肥沃、排水良好的土壤。生长适温为 20~30℃。种子和分株繁殖。

分布：中国云南（西部），广西、广东；亚洲南部、东南部均有分布。

观赏价值及应用：植株及叶片形态优美，栽培于庭院角隅或窗户外面，营造"雨打芭蕉"园林景观。假茎可作猪饲料，嫩心可作野菜食用。本种是栽培香蕉的亲本种之一；种子有小毒，切勿食用。

墨脱野芭蕉（新拟）

Musa cheesmanii N. W. Simmonds

形态特征：丛生草本，高 6~12 m。假茎粗壮，外层叶鞘棕红色到渐变成黑色（老时），内层的棕红色，有光泽。叶片长圆形，长可达 2.9 m，基部耳形，两侧不对称。花序下垂，长 0.8~1.5 m；不育苞片外面绿色，被白蜡粉，内面红色。浆果具棱角，未熟时绿色，果肉白色。

习性：喜湿润、土层深厚、肥沃、排水良好的土壤。生长适温为 20~30℃。种子和分株繁殖。

分布：中国西藏（墨脱）（中国新记录）；印度北部有分布。

观赏价值及应用：假茎高大、粗壮，红得发黑，有光泽，具有很高的观赏价值，可丛植、片植或行植，用于园林造景，也可用于道路两旁作"行道树"布置。

红蕉

Musa coccinea Andrews

形态特征：丛生草本，高 1~2 m。假茎细长；叶片长圆形，基部显著不对称。花序直立；苞片鲜红色，每苞片有花 1 列；花乳黄色。浆果灰白色，无棱，果内种子极多。花期几乎全年。

习性：喜湿润、土层深厚、肥沃、排水良好的土壤。适宜半荫蔽的环境，生长适温为 20~30℃。种子和分株繁殖。

分布：中国云南东南部，华南地区常栽培；越南亦有分布。

观赏价值及应用：植株细瘦，苞片鲜红而美丽，殷红如炬，栽培于庭院供观赏。果实、花、嫩心及根状茎有毒，切勿食用。

阿宽蕉

Musa itinerans Cheesman

形态特征: 散生草本,高 2~7 m。具长达数米的地下"鞭状"匍匐茎。叶片先端截形,基部近对称。花序半下垂;苞片暗紫红色带金黄色边缘,或带金黄色斑或条纹;花淡黄色。浆果筒状卵形,绿色。种子不规则多棱形,具疣状凸起。

习性: 生于沟谷底部两侧的山坡下部,喜富含腐殖质的沙质土壤。生长适温为 20~30℃。种子和分株繁殖。

分布: 中国云南西南部;印度、缅甸北部、泰国也有分布。

观赏价值及应用: 特别适宜配植于水边低地,可丛植用于园林造景,营造"芭蕉林"景观带。

40

广东芭蕉（新拟）

Musa itinerans Cheesman var. *guangdongensis* Häkkinen

形态特征：散生草本，高 2~4.5 m。叶片先端截形，基部不对称，两侧圆耳形。花序下垂；苞片外面红紫色带淡粉红色线条纹，内面明黄色；花淡黄色。浆果筒状卵形，弯曲，紫绿色。

习性：生于沟谷底部两侧的山坡下部，喜富含腐殖质的沙质土壤。生长适温为 15~30℃。种子和分株繁殖。

分布：中国广东北部。

观赏价值及应用：果实紫绿色，在本科中比较罕见，特别适宜配植于水边低地，可丛植用于园林造景，营造"芭蕉林"景观带。假茎可作猪饲料。

版纳芭蕉（新拟）

Musa itinerans Cheesman var. *xishuangbannaensis* Häkkinen

形态特征：散生草本，高 7~12 m。具长可达 5 m 的地下"鞭状"匍匐茎。假茎基部直径可达 50 cm，老时外层叶鞘变褐色。叶片先端截形。花序半下垂，被毛；苞片外面紫红色带淡粉色的线纹，内面明黄色。浆果稍弯曲，成熟时锈褐色。

习性：生于沟谷底部两侧的山坡下部，喜富含腐殖质的沙质土壤。生长适温为 20~30℃。种子和分株繁殖。

分布：特产于中国云南（西双版纳），中国科学院华南植物园有引种栽培。

观赏价值及应用：本种是目前世界已知的第二大野生芭蕉，高可达 12 m，基部直径可达 50 cm（Häkkinen et al.，2008）；冠军为产自巴布亚新几内亚的巨型芭蕉（*Musa ingens* N. W. Simmonds），高可达 20 m，假茎基部直径可达 1 m，是姜目中极为罕见种。特别适宜配植于水边低地，可丛植用于园林造景，营造"芭蕉林"景观带。花蕾可作野菜食用。

橘红芭蕉（新拟）

Musa laterita Cheesman

形态特征：丛生草本，高 1~1.8 m。假茎细长，淡紫色；叶片下垂，长圆形，顶端平截，基部渐狭。花序直立；苞片橘红色或砖红色，顶端黄绿色；花黄色。浆果果身直，有棱，幼果绿色。

习性：喜湿润、土层深厚、肥沃、排水良好的土壤。适宜半荫蔽的环境，生长适温为 20~30℃。种子和分株繁殖。

分布：原产于缅甸，中国科学院华南植物园和西双版纳热带植物园有引种栽培。

观赏价值及应用：植株细瘦，苞片十分美丽，观赏价值极高，可用于切花，或栽培于庭院供观赏。

洋红芭蕉（新拟）

Musa mannii H. Wendland ex Baker

形态特征：丛生草本，高 1~1.5 m。假茎细长，淡紫红色；叶片长圆形，顶端平截，基部渐狭，不对称。花序初时近直立，后变成近 90° 弯曲，密被白色短柔毛；苞片洋红色，每一苞片内有 4~6 花。浆果，果身直，有棱，成熟时黄色。花期几乎全年。

习性：喜湿润、土层深厚、肥沃、排水良好的土壤。适宜半荫蔽的环境，生长适温为 20~30℃。种子和分株繁殖。

分布：原产于印度东北部、缅甸、泰国。中国科学院华南植物园有引种栽培。

观赏价值及应用：苞片十分美丽，观赏价值极高，可用于切花，或栽培于庭院供观赏。

白背芭蕉（新拟）

Musa nagensium Prain

形态特征：丛生草本，高 3~7 m。假茎表面被蜡质白粉；叶片下垂，背面密被蜡质白粉，顶端平截。花序下垂，长约 2 m；苞片被蜡质白粉，外面橙黄色或橙黄色带砖红色，内面橙黄色；花橙黄色。浆果棒状长圆形，有白霜，有棱，幼果灰绿色。

习性：喜湿润、土层深厚、肥沃、排水良好的土壤。适宜半荫蔽的环境，生长适温为20~30℃。种子和分株繁殖。

分布：中国云南（盈江）；印度东北部、缅甸、泰国有分布。中国科学院华南植物园有引种栽培。

观赏价值及应用：植株细瘦，叶片、假茎及果实密被蜡质白粉，苞片观赏价值极高，特别适宜配植于水边低地，可丛植用于园林造景，营造"芭蕉林"景观带，或栽培于庭院供观赏。

紫苞芭蕉

Musa ornata Roxburgh

形态特征：丛生草本，高 1.5~4 m。叶片长椭圆形，顶端截形，基部近圆形，近对称。花序直立，长 30~40 cm；苞片 50~70 枚，淡紫红色，每苞片内有花 1 列，3~5 朵；花淡黄色。浆果黄绿色。花期几乎全年。

习性：喜湿润、土层深厚、肥沃、排水良好的土壤。适宜半荫蔽的环境，生长适温为 18~30℃。种子和分株繁殖。

分布：原产于缅甸、孟加拉国、印度。中国南方地区有引种栽培。

观赏价值及应用：是优良的园林绿化造景植物，花序可作高档切花材料。

拟红蕉（新拟）

Musa paracoccinea A. Z. Liu & D. Z. Li

形态特征：丛生草本，高3~6 m。叶片长椭圆形。花序顶生、直立，长40~70 cm；苞片两面鲜红，早落，每苞片内有花1列，4~8朵；花淡黄色，顶端裂片稍带绿色。浆果长可达12 cm，成熟有白蜡质层。

习性：生于常绿森林中或溪边，喜湿润、土层深厚、肥沃、排水良好的土壤。生长适温为20~30℃。种子和分株繁殖。

分布：中国云南东南部；中国科学院华南植物园有引种栽培。

观赏价值及应用：是优良的园林绿化造景植物，花序可作高档切花材料。

大蕉

Musa × paradisiaca Linnaeus

形态特征： 丛生草本，高 3~7 m。假茎粗壮，黄绿色，有少量蜡质白粉。叶片长圆形，基部心形或耳形，两侧近对称。花序顶生，下垂；苞片卵形至披针形，外面紫红色，具条纹，被白粉，内面紫红色，开放后反卷，脱落，每苞片有花 2 列；合生花被片黄白色。浆果长圆形，果身直或弯曲，具棱角，成熟时黄色，通常无种子。

习性： 喜湿润、土层深厚、肥沃、排水良好的土壤。生长适温为 18~30℃。分株繁殖。

分布： 原产于热带亚洲。热带地区广泛栽培；中国南方地区有栽培。

观赏价值及应用： 植株及叶片形态优美，栽培于庭院角隅或窗户外面，营造"雨打芭蕉"园林景观。假茎可作猪饲料，嫩心可作野菜食用。果可食用，是南方著名水果。根、果实、皮入药，根清热，凉血，解毒，用于热喘、血淋、热疖痈肿；果实止渴、润肺、解酒、清脾滑肠，用于热病烦渴、便秘、痔血，脾火盛者食后能止泻止痢。

绒果芭蕉（新拟）

Musa velutina H. Wendland & Drude

别名：粉果毛蕉

形态特征：丛生草本，高 0.8~1.8 m。叶片顶端截形，基部不对称，近耳状。花序直立；苞片外面淡紫红色，密被短绒毛，内面暗红色，每苞片有花 1 列，3~5 朵。浆果紫红色，密被短绒毛，果皮成熟时开裂，果肉可食。花期几乎全年。

习性：喜湿润、土层深厚、肥沃、排水良好的土壤。适宜半荫蔽的环境，生长适温为 18~30℃。种子和分株繁殖。

分布：原产于缅甸、印度。中国南方地区有引种栽培。

观赏价值及应用：植株优美，苞片及果美丽，为观花观果两相宜的优良观赏芭蕉，可用于园林绿化造景或盆栽供观赏。

地涌金莲属 *Musella* (Franchet) C. Y. Wu ex H. W. Li

多年生、丛生草本，高不超过 1 m。花序生于假茎顶端，直立，无柄；苞片宿存。浆果长约 3 cm，被极密硬毛。种子扁球形，光滑，种脐白色。

单种属。中国特有，产于云南中部、西部，贵州南部。

地涌金莲

Musella lasiocarpa (Franchet) C. Y. Wu ex H. W. Li

形态特征：丛生矮小草本，多次结实植物。假茎通常高不超过 60 cm，基部直径 10~16 cm，具残留的叶鞘。叶背面有白粉，先端锐尖，基部两侧对称。花序直接生于假茎顶端，密集如金色的"莲花"，无柄；苞片黄色或金黄色，宿存；花黄色。浆果密被硬毛；种子黑色或棕色，扁球形，光滑，腹面有白色的种脐。

习性：喜湿润、土层深厚、肥沃、排水良好的土壤。种子和分株繁殖。

分布：特产于中国云南中部至西部、贵州南部；华南地区有栽培。

观赏价值及应用：形态优美，花序似一朵金色的"莲花"，栽培于庭院角隅点缀及园林绿化造景，或盆栽供观赏。假茎作猪饲料；花可入药，有收敛止血作用，治白带、红崩及大肠下血；茎汁用于解酒醉及草乌中毒。

地涌金莲是佛教的"五树六花"之一。"五树"指菩提树、大青树、贝叶棕、槟榔和糖棕树；"六花"指莲花、文殊兰、黄姜花、黄缅桂、鸡蛋花和地涌金莲。

旅人蕉科 *Strelitziaceae* Hutchinson

多年生植物，通常具有木质茎（渔人蕉、旅人蕉、大鹤望兰），或为无茎草本（鹤望兰）。叶两列排列，具长柄和鞘。花序顶生（渔人蕉属）或腋生（旅人蕉属、鹤望兰属），由数枚至多枚呈两列排列于花序轴上的船形佛焰片所组成。花两性，两侧对称，在苞片内排成蝎尾状聚伞花序。花瓣3枚，中央的1枚小，舟状，侧生的2枚融合成箭头状包围花柱和雄蕊。雄蕊5或6枚，无退化雄蕊。子房3室顶端延长。蒴果开裂或不开裂，种子具橙色、蓝色或红色的假种皮。

3属约6种。分布于热带美洲南部，非洲南部和马达加斯加。本书描述3属4种。

渔人蕉属 *Phenakospermum* Endlicher

植株高3~10 m，具有木质树干。叶柄绿色。花序顶生，直立，远高于叶片之上；花序柄绿色，被蜡质层，长1.2~2 m；苞片黄绿色或绿色，长23~44 cm，基部宽18~34 cm，每苞片内有花多达25朵。雄蕊5枚，无退化雄蕊。

单种属。广泛分布于热带美洲南部。

渔人蕉

Phenakospermum guyannense (A. Richard) Endlicher ex Miquel

形态特征：植株高3~10 m，具有木质树干。所有叶片位于同一平面；叶柄绿色，稍被蜡质层，长35~190 cm；叶片绿色，基部心形。花序顶生，直立，远高于叶片之上；花序柄绿色，被蜡质层，长1.2~2 m，直径7~18 cm；苞片黄绿色或绿色，被蜡质层，长23~44 cm，基部宽18~34 cm，每苞片有花可多达25朵。蒴果木质，开裂，长15 cm，宽8 cm，单个果具有种子可多达400粒；种子具假种皮；假种皮鲜橙红色，长8~10 mm，宽6~8 mm。

习性：喜土层深厚、肥沃、排水良好的土壤。适宜湿润、阳光充足的环境，生长适温为22~32℃，怕霜雪。种子和分株繁殖。

分布：原产于热带美洲南部。

观赏价值及应用：株形别致，花形奇特，花序远高于叶片之上，可与旅人蕉媲美，可丛植于公园、草坪、广场或庭院角隅。

旅人蕉属 *Ravenala* Adanson

乔木状植物，叶 2 列生于木质茎顶端，形如折扇状，具长柄和鞘。花序腋生，短于叶柄，由 10~12 个呈两行排列于花序轴上的船形苞片所组成。花白色。蒴果，木质，熟时 3 瓣开裂；种子多数，具蓝色流苏状假种皮。

单种属。原产于非洲马达加斯加。

旅人蕉

Ravenala madagascariensis Sonnerat

形态特征：乔木状植物，形如棕榈，叶像芭蕉，高 4~12 m。叶 2 列生于茎顶端，呈折扇状。花序腋生，花两性，白色，在苞片内排成蝎尾状聚伞花序；苞片革质，黄绿色；雄蕊 6 枚。蒴果，木质；种子具蓝色流苏状假种皮。

习性：喜土层深厚、肥沃、排水良好的微酸性土壤。适宜湿润、阳光充足的环境，生长适温为 20~30℃，怕霜雪。种子和分株繁殖。

分布：原产于非洲马达加斯加；中国华南地区及云南（西双版纳）有引种栽培。

观赏价值及应用：树形别致如棕榈，像芭蕉，更像一把巨大的折扇，宜孤植或群植于公园、草坪、广场作骨干树种。

鹤望兰属 *Strelitzia* Aiton

多年生植物；茎高大、木质，或无茎。叶2列，基生或顶生；叶片长圆形，具长柄。花数朵生于一船形佛焰苞中，排成蝎尾状聚伞花序；萼片黄色或白色，3枚；花瓣白色或蓝色，3枚，中央的1枚小，舟状，侧生的2枚融合成箭头状包围花柱和雄蕊。蒴果木质，三棱状；种子具有红色的假种皮。

4种。仅产于非洲南部。

大鹤望兰
Strelitzia nicolai Regel & K. Koch

形态特征：植株有明显的木质树干，高可达8 m；花序腋生，每一花序上有2个大的佛焰苞。外部花瓣披针形，白色；内部花瓣天蓝色，极不相等，大的呈箭头状，由2枚花瓣融合成箭头状包围着花柱和雄蕊，后面1枚较小。

习性：喜土层深厚、肥沃、排水良好的微酸性土壤。适宜湿润、阳光充足的环境，生长适温为20~30℃，怕霜雪。种子和分株繁殖。

分布：原产于非洲南部；中国华南地区及云南（西双版纳）有引种栽培。

观赏价值及应用：树形别致，颇富热带风光，宜孤植于公园、草坪、广场或庭院角隅，也可作大型盆栽供观赏。

鹤望兰

Strelitzia reginae Banks ex Aiton

别名：极乐鸟、天堂鸟

形态特征：多年生、无茎草本，高 0.6~1.5 m。花序生于与叶柄近等长的总花梗上；外部花瓣披针形，橙黄色或黄色；内部花瓣天蓝色，大的呈箭头状，后面 1 枚较小。

习性：喜土层深厚、肥沃、排水良好的微酸性土壤。适宜湿润、阳光充足的环境，生长适温为 20~30℃，怕霜雪，夏季适当遮荫，冬季需充足阳光，如阳光不足或生长过密会影响花的色彩和产量。种子和分株繁殖。

分布：原产于非洲南部；中国华南地区及云南（西双版纳）有引种栽培。

观赏价值及应用：株形别致，花形奇特，色彩艳丽，犹如仙鹤翘首远眺，可丛植于公园、草坪、广场或庭院角隅，也可盆栽供观赏，亦是名贵的切花材料。

兰花蕉科 Lowiaceae Ridley

多年生草本，茎木质、极短。叶基生，2 列排列；叶柄发达，基部鞘状；叶片披针形或椭圆形；中脉较粗壮，有数对侧脉从中脉呈纵向的极狭锐角生出，和中脉近于平行，与极细的横脉连结成方格状（具有明显的方格状网脉）。花序腋生，或直接自根状茎生出；通常是聚伞花序或退化成单花；苞片鞘状，宿存；花两性，左右对称，通常在开花时散发出动物腐臭味（海南兰花蕉）。萼片 3 枚，通常披针形；花瓣 3 枚，不等大；中间 1 枚花瓣扩大形成唇瓣，披针形（兰花蕉），或卵形（流苏兰花蕉），通常紫色或白色；侧生 2 枚花瓣较小，分离，顶端通常具芒；雄蕊 5 枚，花丝短，花药 2 室，平行，纵向开裂；子房下位，3 室，顶端延长，中轴胎座，胚珠多数，倒生，花柱 1，纤细，柱头 3，条裂或流苏状。蒴果 3 室，3 瓣开裂；种子多数，具假种皮，假种皮 3 裂。

仅 1 属约 20 种。特产于东南亚及中国南部；中国产 4 种（含 1 变种）。本书描述 1 属 4 种。

兰花蕉属 *Orchidantha* N. E. Brown

属的特征同科。

兰花蕉

Orchidantha chinensis T. L. Wu

形态特征：常绿草本，高 30~60 cm；根茎横走，延长，木质，叶鞘脱落后残留痕迹形如蜈蚣状，通常露出地面。叶片的侧脉与横脉连结成方格状。花序基生；花开时散发出动物腐臭味；花萼深紫红色或紫黑色；唇瓣深紫红色，基部较宽，先端渐尖，中部稍收缩。蒴果狭卵形，红色，顶端紫黑色。

习性：喜土层深厚、肥沃、排水良好的土壤。适宜湿润、完全荫蔽或半荫蔽的环境，生长适温为 20~30℃。种子和分株繁殖。

分布：特产于中国广东西南部；中国科学院华南植物园有引种栽培。

观赏价值及应用：植株矮小，叶色青翠，花形奇异，可栽培于庭院假山旁或乔木林下搭配点缀，也可盆栽供观赏。根状茎药用，用于斑疹不退、烦热、咽喉肿痛。

海南兰花蕉

Orchidantha insularis T. L. Wu

形态特征：常绿草本，高 20~50 cm；根茎横截面白色，深埋于地下，根发达，顶端通常膨大。叶片长椭圆形，侧脉与横脉连结成方格状。花序基生；花开时散发出动物腐臭味，奇臭难闻；花萼线状披针形，淡紫红色或紫黑色；唇瓣和花萼近似。蒴果椭圆形，或近卵形，长 1~1.5 cm。

习性：喜土层深厚、肥沃、排水良好的土壤。适宜湿润、完全荫蔽或半荫蔽的环境，生长适温为 20~30℃。种子和分株繁殖。

分布：特产于中国海南岛；中国科学院华南植物园有引种栽培。

观赏价值及应用：植株矮小，叶色青翠，花形奇异，可栽培于庭院假山旁或乔木林下搭配点缀，也可盆栽供观赏。

流苏兰花蕉

Orchidantha fimbriata Holttum

形态特征：常绿草本，高 30~60 cm。叶片椭圆状披针形，淡绿色，侧脉与横脉连结成方格状，基部下延。花序基生；花萼暗紫色，长 11~14 cm，边缘内卷，常扭转；唇瓣卵形，白色，基部暗紫褐色，先端 3 裂；柱头紫红色，3 枚，顶端流苏状。蒴果长约 8.5 cm。

习性：喜土层深厚、肥沃、排水良好的土壤。适宜湿润、完全荫蔽或半荫蔽的环境，生长适温为 22~30℃，怕霜冻。种子和分株繁殖。

分布：原产于马来西亚（霹雳州、雪兰莪州、丁加奴州）；中国科学院华南植物园有引种栽培。

观赏价值及应用：植株矮小，叶色青翠，花形奇异，可栽培于庭院假山旁或乔木林下搭配点缀，也可盆栽供观赏。

云南兰花蕉

Orchidantha yunnanensis P. Zou, C. F. Xiao & Škorničková

形态特征：常绿草本，高 50~150 cm；根茎横截面白色，深埋于地下。叶片狭椭圆形，长 77~125 cm，直径 15~19.5 cm。花序基生，细长，多分枝；早上开花，散发出极臭死鱼的气味；唇瓣长圆形，边缘稍内卷，深紫色，具淡黄色或白色凸起的中脉。

习性：喜土层深厚、肥沃、排水良好的土壤。适宜湿润、完全荫蔽或半荫蔽的环境，生长适温为 20~30℃。种子和分株繁殖。

分布：特产于中国云南东南部。中国科学院华南植物园有引种栽培。

观赏价值及应用：植株青翠，花形奇异，可栽培于庭院假山旁或乔木林下搭配点缀，也可盆栽供观赏。

蝎尾蕉科 Heliconiaceae Nakai

多年生草本，根状茎肉质。假茎直立，由叶鞘相互重叠形成。叶生于假茎上 2 列排列；叶柄明显，长或短；叶片长圆形，正面通常绿色，背面淡绿色、褐红色至红色。花序顶生，直立、下垂或半下垂，呈蝎尾状，由数枚舟状苞片组成，具明显的花序梗；苞片两列或螺旋状排列于花序轴上，少数至多数，宿存，通常具有鲜艳的色彩（红、黄、绿、粉色或橙色等）。花两性，两侧对称，数至多朵于苞片内排成蝎尾状聚伞花序；花被片基部融合呈管状，顶端具有 5 裂片；发育雄蕊 5 枚，花药线形，基着，2 室；退化雄蕊花瓣状，1 枚；花柱线形，柱头头状，子房下位，3 室，基生胎座，胚珠单生，直立。蒴果通常蓝色，很少红色或橙色，3 瓣开裂；种子近三棱形，无假种皮。

仅 1 属 200~250 种。产于热带美洲和美拉尼西亚。本书描述 1 属 18 种（含栽培品种）。

蝎尾蕉属 *Heliconia* Linnaeus

属的特征同科。

富红蝎尾蕉

Heliconia bourgaeana Petersen

形态特征：丛生草本，高 2~3.5 m。根状茎及假茎粗壮。叶片长椭圆形，黄绿色，边缘紫红色。花序蝎尾状，直立或弯曲至半下垂；花序轴稍呈"之"字形弯曲，苞片 2 列排列，舟状，红色至紫红色，有光泽；花黄色。花期几乎全年。

习性：喜湿润、土层深厚、肥沃、排水良好的土壤。适宜半荫蔽的环境，生长适温为 20~30℃。分株繁殖。

分布：原产于美洲热带地区；中国华南地区及云南（西双版纳）有引种栽培。

观赏价值及应用：株形高大挺拔，抗寒性强，适应性广，是中国引种最为成功和观赏价值较高的蝎尾蕉植物之一，可作高档切花材料，也是优良园林观赏植物。

马雅金蝎尾蕉

Heliconia champneiana 'Maya gold'

形态特征： 丛生草本，高 80~120 cm。假茎粗壮；叶片长椭圆形，黄绿色。花序蝎尾状，直立，稍呈"之"字形弯曲，苞片 2 列排列，舟状，金黄色，有光泽，有时顶端淡绿色；花绿色。

习性： 喜湿润、土层深厚、肥沃、排水良好的土壤。适宜半荫蔽的环境，生长适温为 22~30℃，不耐寒，怕霜冻。分株繁殖。

分布： 为园艺栽培品种；中国华南地区及云南（西双版纳）有引种栽培。

观赏价值及应用： 是高档切花材料，也是优良园林观赏植物。

垂花粉鸟蝎尾蕉

Heliconia chartacea 'Sexy pink'

形态特征：丛生草本，高 1.5~3.5 m。假茎黄绿色，较细长，密被蜡质白粉；叶柄被蜡质白粉；叶片长椭圆形，黄绿色。花序蝎尾状，下垂，稍呈"之"字形弯曲，苞片螺旋状排列，舟状，粉红色，边缘黄绿色，有光泽，被蜡质白粉；花淡绿色。

习性：喜湿润、土层深厚、肥沃、排水良好的土壤。适宜半荫蔽的环境，生长适温为22~30℃，不耐寒，怕霜冻。分株繁殖。

分布：为园艺栽培品种；中国华南地区及云南（西双版纳）有引种栽培。

观赏价值及应用：是高档切花材料，也是优良园林观赏植物。

粉鸟蝎尾蕉

Heliconia collinsiana Griggs

形态特征： 丛生草本，高 2~4 m。假茎黄绿色，较细长，密被蜡质白粉；叶柄被蜡质白粉；叶片长椭圆形，黄绿色，背面密被蜡质白粉。花序蝎尾状，下垂，稍呈"之"字形弯曲，苞片螺旋状排列，舟状，深红色，被蜡质白粉；花黄色。

习性： 喜湿润、土层深厚、肥沃、排水良好的土壤。适宜半荫蔽的环境，生长适温为 22~30℃，不耐寒，怕霜冻。分株繁殖。

分布： 原产于墨西哥南部至尼加拉瓜中部；中国华南地区有引种栽培。

观赏价值及应用： 是高档切花材料，也是优良园林观赏植物。

翠鸟蝎尾蕉

Heliconia hirsuta 'Darrell'

形态特征：丛生草本，高 1~2 m。假茎纤弱，被蜡质白粉。叶片狭披针形，叶鞘边缘紫红色。花序蝎尾状，直立，长 7~13 cm，花序柄长 15~30 cm；苞片 2 列排列，舟形，5~10 枚，基部黄绿色，边缘及顶端紫红色，稍被蜡质白粉；花黄色，近顶端有绿色斑块。花期几乎全年。

习性：喜湿润、土层深厚、肥沃、排水良好的土壤。适宜半荫蔽的环境，生长适温为 20~30℃，抗寒性强，适应性广，在广州可正常过冬。分株繁殖。

分布：为园艺栽培品种；中国华南地区有引种栽培。

观赏价值及应用：丛生性强，株形飘逸，是中国引种最成功的蝎尾蕉植物之一，可用于园林绿化、盆栽或切花供观赏。

红箭蝎尾蕉

Heliconia latispatha 'Distans'

形态特征：丛生草本，高 0.6~1.5 m。叶片狭椭圆形，无蜡质白粉。花序蝎尾状，直立，花序轴黄色；苞片螺旋状排列，舟状，红色，基部黄色；花绿色。花期 6—11 月。

习性：喜湿润、土层深厚、肥沃、排水良好的土壤。适宜半荫蔽的环境，生长适温为 22~30℃，不耐寒，怕霜冻。分株繁殖。

分布：为园艺栽培品种；中国华南地区有栽培。

观赏价值及应用：可用于园林绿化、观赏、切花。

黄苞蝎尾蕉

Heliconia latispatha 'Orange Gyro'

形态特征：丛生草本，高 1.2~2.2 m。叶片狭椭圆形，无蜡质白粉。花序蝎尾状，直立，苞片螺旋状排列，舟状，橙黄色，有光泽；花淡黄色，间有绿色条纹。花期4—12 月。

习性：喜湿润、土层深厚、肥沃、排水良好的土壤。适宜半荫蔽的环境，生长适温为 20~30℃，抗寒性强，适应性广，在广州可正常过冬。分株繁殖。

分布：为园艺栽培品种；中国华南地区有栽培。

观赏价值及应用：丛生性强，株形飘逸，花期长，是中国引种最成功的蝎尾蕉植物之一，可用于园林绿化、切花或盆栽供观赏。

红黄蝎尾蕉

Heliconia latispatha 'Red-Yellow'

别名：红鹤蝎尾蕉

形态特征：散生草本，高 2~3.5 m。假茎粗壮，淡绿色，稍被淡紫红斑。叶片狭椭圆形，无蜡质白粉。花序蝎尾状，直立，苞片螺旋状排列，舟状，红色，基部黄色或橙红色；花淡黄色或橙红色，间有绿色条纹。花期几乎全年。

习性：喜湿润、土层深厚、肥沃、排水良好的土壤。适宜半荫蔽的环境，生长适温为 22~30℃，怕霜冻，比黄苞蝎尾蕉耐寒性稍差。分株繁殖。

分布：为园艺栽培品种；中国华南地区有栽培。

观赏价值及应用：丛生性强，株形飘逸，花期长，抗寒性强，适应性广，是中国引种最成功的蝎尾蕉植物之一，可用于园林绿化、切花或盆栽供观赏。

扇形蝎尾蕉

Heliconia librata Griggs

形态特征：丛生草本，高 1.5~2.5 m。全株无蜡质白粉；叶片椭圆形，黄绿色。花序蝎尾状，直立，长 22~35 cm，未完全展开时扇状，苞片螺旋状排列，舟状，黄色；花黄绿色。幼果黄绿色，熟果蓝色。花期几乎全年。

习性：喜湿润、土层深厚、肥沃、排水良好的土壤。适宜半荫蔽的环境，生长适温为 20~30℃。抗寒性强，适应性广，在广州可正常过冬。种子和分株繁殖。

分布：原产于秘鲁至玻利维亚，巴巴多斯，巴西，哥斯达黎加等地；中国华南地区有栽培。

观赏价值及应用：丛生性强，株形飘逸，花期长，是中国引种最成功的蝎尾蕉植物之一，可用于园林绿化、切花或盆栽供观赏。

阿娜蝎尾蕉

Heliconia marginata × bihai 'Rauliniana'

形态特征： 丛生草本，高2~4 m。假茎绿色，较粗壮；叶片长椭圆形，绿色。花序蝎尾状，通常下垂，偶见直立或半下垂，稍呈"之"字形弯曲，苞片螺旋状排列，舟状，红色，边缘黄绿色；花绿色。花期5—9月。

习性： 喜湿润、土层深厚、肥沃、排水良好的土壤。适宜半荫蔽的环境，生长适温为22~30℃，不耐寒，怕霜冻。分株繁殖。

分布： 为园艺栽培品种；中国华南地区有引种栽培。

观赏价值及应用： 丛生性强，株形紧凑，花期长，可用于园林绿化、切花或盆栽供观赏。

70

红火炬蝎尾蕉

Heliconia × *nickeriensis* Maas & de Rooij [*H. psittacorum* × *H. marginata*]

形态特征: 散生草本, 高 1~2.2 m。叶片狭椭圆形, 正面绿色, 有光泽, 背面黄绿色, 无蜡质白粉。花序蝎尾状, 直立, 苞片 2 列排列, 舟状, 红色, 基部橙红黄色, 有光泽; 花淡橙黄色。花期 4—12 月。

习性: 喜湿润、土层深厚、肥沃、排水良好的土壤。适宜半荫蔽的环境, 生长适温为 20~30℃, 怕霜冻, 比黄苞蝎尾蕉耐寒性稍差。分株繁殖。

分布: 为园艺栽培品种; 中国华南地区有栽培。

观赏价值及应用: 可用于园林绿化、切花或盆栽供观赏。

红苞蝎尾蕉

Heliconia ortotricha 'She'

形态特征：丛生草本，高 0.6~1.5 m。假茎绿色，被短柔毛；叶片狭椭圆形，无蜡质白粉。花序蝎尾状，直立，花序轴密被短茸毛；苞片 2 列排列，舟状，玫瑰红色，边缘绿色，密被短茸毛；花深绿色，密被短茸毛。花期 6—11 月。

习性：喜湿润、土层深厚、肥沃、排水良好的土壤。适宜半荫蔽的环境，生长适温为 22~30℃，忌暴晒，不耐干旱，不耐寒，极怕霜冻。分株繁殖。

分布：为园艺栽培品种；中国华南地区有栽培。

观赏价值及应用：可用于园林绿化、切花或盆栽供观赏。

美女蝎尾蕉

Heliconia psittacorum 'Lady Di'

形态特征：丛生草本，高 0.6~1.5 m。假茎纤弱，绿色。叶片狭椭圆形，无蜡质白粉。花序蝎尾状，直立，花序轴淡紫红色，无毛；苞片螺旋状排列，舟状，红色，有光泽；花淡黄色或白色，顶端有绿色斑。花期 4—12 月。

习性：喜湿润、土层深厚、肥沃、排水良好的土壤。适宜半荫蔽的环境，生长适温为 22~30℃，忌暴晒，不耐干旱，不耐寒，极怕霜冻。分株繁殖。

分布：为园艺栽培品种；中国华南地区有栽培。

观赏价值及应用：可用于园林绿化、切花或盆栽供观赏。

百合蝎尾蕉

Heliconia psittacorum 'Lillian'

形态特征：丛生草本，高 0.6~1.5 m。假茎纤弱，绿色。叶片狭椭圆形，无蜡质白粉。花序蝎尾状，直立，花序轴淡黄色，无毛；苞片螺旋状排列，舟状，淡红色或粉红色，有光泽；花淡绿黄色。花期4—12月。

习性：喜湿润、土层深厚、肥沃、排水良好的土壤。适宜半荫蔽的环境，生长适温为22~30℃，忌暴晒，不耐干旱，不耐寒，极怕霜冻。分株繁殖。

分布：为园艺栽培品种；中国华南地区有栽培。

观赏价值及应用：可用于园林绿化、切花或盆栽供观赏。

沙紫蝎尾蕉

Heliconia psittacorum 'Sassy'

形态特征：丛生草本，高 0.6~1.5 m。假茎纤弱，淡绿色。叶片狭椭圆形。花序蝎尾状，直立，花序轴淡黄色，无毛，稍被蜡质白粉；苞片螺旋状排列，舟状，淡红色或粉红色，有光泽，稍被蜡质白粉；花橙色，顶端有绿斑。花期4—11月。

习性：喜湿润、土层深厚、肥沃、排水良好的土壤。适宜半荫蔽的环境，生长适温为 22~30℃，忌暴晒，不耐干旱，不耐寒，极怕霜冻。分株繁殖。

分布：为园艺栽培品种；中国华南地区有栽培。

观赏价值及应用：可用于园林绿化、切花或盆栽供观赏。

75

圣温红蝎尾蕉

Heliconia psittacorum 'St. Vincent Red'

形态特征：丛生草本，高 0.8~2 m。假茎纤弱，黄绿色。花序蝎尾状，直立；花序轴淡橙红色，无毛；苞片舟状，红色或淡紫红色，无蜡质白粉；花橙红色，顶端有淡绿色斑。花期 4—12 月。

习性：喜湿润、土层深厚、肥沃、排水良好的土壤。适宜半荫蔽的环境，生长适温为 22~30℃，忌暴晒，不耐干旱，不耐寒。分株繁殖。

分布：为园艺栽培品种；中国华南地区有栽培。

观赏价值及应用：可用于园林绿化、切花或盆栽供观赏。

金火炬蝎尾蕉

Heliconia psittacorum × *spathocircinata* 'Golden Torch'

形态特征: 丛生草本,高1~1.8 m。叶片狭椭圆形。花序蝎尾状,直立,花序轴黄色,无毛;苞片螺旋状排列,舟状,黄色,有光泽。花黄色。花期4—12月。

习性: 喜湿润、土层深厚、肥沃、排水良好的土壤。适宜半荫蔽的环境,生长适温为20~30℃,怕霜冻,比黄苞蝎尾蕉耐寒性稍差。分株繁殖。

分布: 为园艺栽培品种;中国华南地区有栽培。

观赏价值及应用: 可用于园林绿化、切花或盆栽供观赏。

金嘴蝎尾蕉

Heliconia rostrata Ruiz & Pavon

形态特征：丛生草本，高 1.5~4 m。假茎纤弱，绿色。叶片狭披针形、狭椭圆形，长 90~120 cm，宽 6~26 cm。花序下垂，长 20~60 cm，有时可达 1 m 以上；花序轴红色，被短柔毛；苞片舟状，红色，边缘黄绿色，被短柔毛；花黄色。花期4—9月。

习性：喜湿润、土层深厚、肥沃、排水良好的土壤。适宜半荫蔽的环境，生长适温为 20~30℃，怕霜冻，比扇形蝎尾蕉耐寒性稍差。分株繁殖。

分布：原产于秘鲁、厄瓜多尔；中国华南地区有栽培。

观赏价值及应用：丛生性强，株形飘逸，花期长，在温室栽培几乎全年开花，抗寒性强，适应性广，是中国引种最成功的蝎尾蕉植物之一；可用于园林绿化、切花或盆栽供观赏。

姜科 Zingiberaceae Lindley

多年生草本，大多数种类为地生植物，少数附生于树干上或石上（喙花姜、小毛姜花等），极少数为水生植物（浅水区和沼泽地，水山姜和黑果山姜），具芳香气味。根状茎合轴分枝，有一些是肉质呈块状（姜属、姜黄属及距药姜属等），或匍匐而非块茎状、纤维较粗、木质化程度较高（山姜属、大豆蔻属等），块茎通常生根，根尖末端有时会膨大成块状，常称之为块根（姜黄属及姜属的部分种类）。地上茎是具叶的假茎，长或短，不分枝，由叶鞘层层相互包卷而成；叶生于假茎上二列排列，单生，基部的叶鞘通常是叶片渐退化而变无叶；叶舌位于叶鞘顶端，通常有，稀无；叶柄位于叶片和鞘之间，有或无，或略膨大增厚呈叶枕状（姜属）；叶片披针形、椭圆形、线形、近圆形或卵形等，在芽期卷曲，中脉显著，侧脉多数，紧密平行，羽状，边缘全缘。花序生于假茎顶端（姜花属和山姜属的多数种类），或自假茎近中部的侧面穿破叶鞘生出（偏穗姜、红苞姜黄），或基生（三叶山姜、玫瑰姜等），通常圆柱状、纺锤形或球状，疏松到紧密，少花到多花，圆锥花序、总状花序、穗状花序或头状花序，极少数退化成单花；具有苞片和小苞片，革质或膜质，通常有明显的色彩；花两性，上位，两侧对称；花萼通常管状，通常在一边斜裂，有时如钟状，先端具 3 齿或 3 浅裂；花冠下部细管状，基部往顶端渐变大，顶端具 3 裂片，中间 1 枚比 2 枚侧生的大。雄蕊（能育雄蕊和退化雄蕊）6 枚，2 轮；外轮的 2 枚侧生退化雄蕊花瓣状（二列苞姜属、山柰属、姜花属），或在唇瓣基部形成小齿状（山姜属、豆蔻属），或无，外轮中间的 1 枚退化雄蕊在进化过程中消失；内轮的 2 枚退化雄蕊融合成 1 枚具有美丽彩色条纹或斑点、呈花瓣状的唇瓣，是姜科最美丽的部分；内轮的能育雄蕊 1 枚，中等大小；花丝宽而扁平（山姜属、豆蔻属）或近狭圆柱状（姜花属），伸直或弯曲（舞花姜属、假益智等）；花药 2 室，药隔通常基部延伸成距（姜黄属），或顶部延长成鸡冠状（豆蔻属），或延伸成长喙状（姜属），或在两侧延伸成翅状（舞花姜属），或无附属物。子房下位，通常 3 室，中轴胎座，或 1 室，侧膜胎座（舞花姜属、玉凤姜、拟山柰属），或基生胎座，胚珠每室多数。发育花柱 1 枚，线状，柱头位于花柱顶端，漏斗状，边缘通常具缘毛；退化花柱 2 枚，位于子房的顶端，成为蜜腺。果实通常为蒴果（山姜属、豆蔻属等），球形、椭圆形、卵形、纺锤状圆柱形或形如豆荚状（长果姜属、短唇姜属），通常开裂，或少数为肉质的浆果（特产于非洲的椒蔻属），不开裂；种子坚硬，通常具棱角，黑色、棕色或红色（姜花属），具有白色、黄色或红色的假种皮。

约 53 属 1 300 种。泛热带分布，多样性中心位于亚洲南部和东南部，也有一些种类分布于大洋洲、美洲和非洲；中国产 21 属（含 1 个特有属）约 231 种。本书描述 31 属 224 种（含 6 变种及 2 栽培品种）。

椒蔻属（非洲豆蔻属）*Aframomum* K. Schumann

外形与豆蔻属植物相似，但果实为浆果，瓶状，果皮光滑，无刺或棱，果序不会延长。

约 50 种。特产于非洲。

狭叶椒蔻（新拟）

Aframomum angustifolium (Sonnerat) K. Schumann

形态特征：多年生草本，高可达4 m。叶片披针形或长椭圆形，无毛。穗状花序基生，纺锤形；苞片卵形或长圆形，黄绿色，边缘红色；花冠红色；侧生退化雄蕊红色，狭披针形；唇瓣长圆状倒卵形，黄色。浆果红色。

习性：喜肥沃、疏松、土层深厚的土壤。适宜温暖、潮湿和半荫蔽的环境，生长适温为22~32℃，不耐寒。种子和分株繁殖。

分布：原产于热带非洲。

观赏价值及应用：花冠红色，唇瓣黄色，美丽优雅，观赏价值高，可丛植于庭院角隅点缀。果实可用作食用调料，提取物可用于化妆品。

非洲椒蔻（新拟）

Aframomum melegueta K. Schumann

别名：非洲豆蔻、细砂豆蔻、非洲胡椒

形态特征：多年生草本，高 1~1.5 m。叶片披针形或长椭圆形，无毛。穗状花序基生，纺锤形；苞片卵形或长圆形，黄绿色，边缘红色；花冠粉色、淡紫色或白色；唇瓣粉色、淡紫色或淡紫罗兰色。浆果瓶形，红色。

习性：喜肥沃、疏松、土层深厚的土壤。适宜温暖、潮湿和半荫蔽的环境，生长适温为 22~32℃，不耐寒。种子和分株繁殖。

分布：原产于热带非洲。

观赏价值及应用：花喇叭状，粉色、淡紫色或淡紫

81

罗兰色，美丽优雅，浆果红色，瓶形，观赏价值高，可丛植于庭院角隅点缀。鲜红色浆果的果肉甜美多汁，是原产地的灵长类动物和其他哺乳动物喜欢的食物。果实是著名的香料，种子具有辛辣的胡椒味道，故而有"非洲胡椒"美称。果实和根状茎药用，具有治疗肠胃病功效。

山姜属 *Alpinia* Roxburgh

多年生草本，地上茎发达。圆锥、总状或穗状花序通常顶生或偶为基生，幼时（花蕾时）被佛焰苞状的总苞片包藏；侧生退化雄蕊极小或缺失，不呈瓣状；唇瓣较花冠裂片大，常有美丽的斑纹和色彩；花丝扁平，药室平行，纵裂。

约 230 种。分布于亚洲热带和亚热带，澳大利亚和太平洋群岛；中国产 51 种，其中 35 种为特有种。

水山姜

Alpinia aquatica (Retzius) Roscoe

形态特征：多年生草本，高 1~2 m。叶片披针形或长圆形，两面均光滑无毛；叶舌近圆形，被茸毛。圆锥花序顶生，花粉红色；唇瓣倒心形，顶端 2 裂，裂片再 2 浅裂；花药淡粉红色，药隔附属体半月形。蒴果椭圆形，黑色。

习性：生于山谷疏林缘阴湿处、沼泽地，喜肥沃、疏松、土层深厚的土壤。适宜温暖、潮湿的环境，生长适温为 22~32℃。种子和分株繁殖。

分布：原产于马来半岛、文莱、菲律宾、印度。中国没有自然分布，文献记载均为标本鉴定错误，目前中国科学院华南植物园有引种栽培。

观赏价值及应用：花形美丽，株形飘逸，可植于庭院水池、溪旁，也可在沼泽地作水生植物种植。

三叶山姜

Alpinia austrosinensis (D. Fang) P. Zou & Y. S. Ye
[*Amomum austrosinense* D. Fang]

别名：三叶豆蔻、华南豆蔻、钻骨风、公天锥

形态特征：多年生草本，高 20~30 cm。叶 1~3 枚；叶片狭椭圆形或长圆形。圆锥花序基生；花序梗长 4~15 cm；总苞片 2 枚，长圆形，长 3.5~6 cm，淡紫红色，具纵条纹，外面密被短柔毛，宿存；苞片倒卵形或长圆形，宿存；花冠白色；唇瓣白色，具紫红色条纹，倒卵形。蒴果球状，外面被短柔毛。

习性：喜肥沃、疏松、土层深厚的土壤。适宜温暖、潮湿和半荫蔽的环境，生长适温为 18~32℃。种子和分株繁殖。

分布：中国广东、广西、湖南、福建、江西。

观赏价值及应用：植株矮小，可植于林下作地被植物。全草供药用，民间用于胃寒痛、风湿骨痛、跌打肿痛。

绿苞山姜

Alpinia bracteata Roscoe

84

形态特征：多年生草本，高 0.8~1.5 m。叶片披针形，背面被绒毛，稀无毛；叶柄长达 2 cm；叶舌短而钝。总状花序顶生；小苞片绿色，老时渐变成红褐色；花萼淡绿色；花冠纯白色，具缘毛；唇瓣卵形，紫红色。蒴果长椭圆形。

习性：生于海拔 750~1 600 m 的林中潮湿处，喜肥沃、疏松、土层深厚的土壤。适宜温暖、潮湿和半荫蔽的环境，生长适温为 18~32℃。种子和分株繁殖。

分布：中国云南、四川；尼泊尔、印度、孟加拉国有分布。

观赏价值及应用：花晶莹剔透，唇瓣色彩美丽，植株丛生性强，可用于庭院点缀，也可丛植或片植于草地或道路两旁的林下。

小花山姜

Alpinia brevis T. L. Wu & S. J. Chen

形态特征：多年生草本，高 0.8~1.6 m。叶舌、叶鞘被疏长毛。叶片线状披针形，无毛或被短柔毛；总状花序顶生；花白色，微染粉红色；唇瓣小，卵形，具红色脉纹，边缘具不整齐缺刻。果球形。

习性：生于海拔 500~1 800 m 的林下或林缘路旁潮湿处，喜肥沃、疏松、土层深厚的土壤。适宜温暖、潮湿和半荫蔽的环境，生长适温为 20~30℃。种子和分株繁殖。

分布：中国海南、广东、广西至云南。

观赏价值及应用：小苞片淡红色，株形紧凑，可用于庭院点缀观赏，也可作林下绿化的地被植物。

距花山姜

Alpinia calcarata (Andrews) Roscoe

别名：距药山姜

形态特征：多年生、纤弱草本，高 1~1.6 m。叶片线状披针形。圆锥花序顶生，长 7~10 cm；总苞片黄绿色，2~3 枚，开花时脱落；无苞片；花冠白色，外面密被短柔毛；唇瓣卵形至长圆形，白色或黄色，间有美丽的玫瑰红和紫堇色斑。蒴果球形，黄绿色到红色。

习性：喜肥沃、疏松、土层深厚的土壤。适宜温暖、潮湿和半荫蔽的环境，生长适温为18~32℃。种子和分株繁殖。

分布：中国广东；印度、缅甸、斯里兰卡有分布。

观赏价值及应用：花色鲜艳，株形飘逸，可用于庭院点缀。根状茎药用，治脘腹冷痛、胃寒呕吐。

灰岩山姜（新拟）

Alpinia calcicola Q. B. Nguyen & M. F. Newman

形态特征：多年生草本，高 0.8~1.3 m。叶片披针形或椭圆形，光滑无毛。圆锥花序顶生，总苞片、苞片及小苞片淡紫红色或粉红色；花冠白色；唇瓣倒卵形，鲜红色杂以美丽的白色条纹。蒴果球形，直径 6~10 mm，熟时红色。

习性：生于石灰岩的山地林缘或灌草丛中，喜肥沃、疏松、土层深厚的土壤。适宜温暖、潮湿和半荫蔽的环境，生长适温为 20~32℃。种子和分株繁殖。

分布：原产于越南北部；中国科学院华南植物园有引种栽培。

观赏价值及应用：叶片光滑，花色鲜艳，花期长，株形飘逸，适宜盆栽观赏或用于庭院角隅点缀。

节鞭山姜

Alpinia conchigera Griffith

形态特征：多年生草本，高 1~1.8 m；叶片披针形。圆锥花序顶生；总苞片 2 枚，线状披针形，宿存；小苞片漏斗状，顶端斜截形；花萼杯状，淡绿色或淡紫红色；花紫红色。蒴果球形或长圆形，熟时枣红色。

习性：生于海拔 620~1 100 m 的山坡密林下，喜肥沃、疏松、土层深厚的土壤。适宜温暖、潮湿和半荫蔽的环境，生长适温为 18~32℃。种子和分株繁殖。

分布：中国云南；东南亚有分布。

观赏价值及应用：花紫红色，花期长，株形紧凑，丛生性强，均具有较高观赏性，可用于庭院造景及花坛点缀。根状茎用于毒蛇咬伤，亦可作香料；果实健胃祛风，用于胃寒腹痛、食滞。

从化山姜

Alpinia conghuaensis J. P. Liao & T. L. Wu

形态特征：多年生草本，高 30~60 cm。叶线状披针形至线状椭圆形。穗状花序顶生；小苞片淡红色；唇瓣宽菱状倒卵形，淡红色，先端 2 浅裂。蒴果近球形，红色。

习性：生于海拔 600~1 000 m 的密林下，喜肥沃、疏松、土层深厚的土壤。适宜温暖、潮湿和半荫蔽的环境，生长适温为 20~30℃。种子和分株繁殖。

分布：中国广东（广州从化大岭山）。

观赏价值及应用：小苞片淡红色，株形紧凑，可用于庭院点缀观赏，也可作林下绿化的地被植物。

革叶山姜

Alpinia coriacea T. L. Wu & S. J. Chen

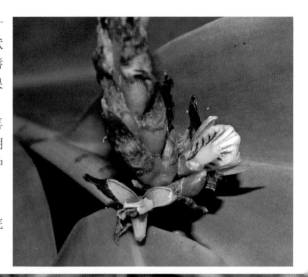

形态特征：多年生草本，高 50~60 cm。叶片革质，两面均光滑无毛，长 8~15 cm。穗状花序顶生，长约 4 cm；每苞片内有花 2 朵；唇瓣淡绿白色，杂有红色脉纹；花药淡绿色。果卵圆形。

习性：生于山坡、山谷密林下潮湿处，喜肥沃、疏松、土层深厚的土壤。适宜温暖、潮湿和半荫蔽的环境，生长适温为 20~30℃。种子和分株繁殖。

分布：中国海南。

观赏价值及应用：株形紧凑，可用于庭院点缀观赏，或栽培于林下作地被植物。

香姜

Alpinia coriandriodora D. Fang

形态特征：多年生草本，高 0.5~1.2 m。叶片椭圆状披针形，长 6~25 cm，顶端尾状渐尖。穗状花序顶生；苞片与总苞片近似，早脱落；花冠黄绿色，有时具有红色斑点，外密被贴伏的短柔毛；唇瓣近卵圆形，具紫红色条纹，顶端 2 浅裂，两面有柔毛。蒴果球形，被疏短毛。

习性：喜肥沃、疏松、土层深厚的土壤。适宜温暖、潮湿和半荫蔽的环境，生长适温为18~32℃。种子和分株繁殖。

分布：特产于中国广西（龙州）。

观赏价值及应用：株形矮小紧凑，可盆栽供观赏，也可丛植或片植于林下潮湿处作地被植物。活植物具香菜"芫荽"香味，民间栽培制调味香料。全株药用，用于驱风行气。

雅致山姜（新拟）

Alpinia elegans (C. Presl) K. Schumann

形态特征：多年生草本，高 3~4 m。叶舌被短柔毛；叶片长圆形，绿色。花序顶生，长 15~25 cm；苞片革质，黄绿色；花萼管状，革质，紫红色，长 4~5 cm；花冠淡黄绿色。蒴果白色，球形至椭圆形。

习性：生于低海拔至中等海拔的溪流及开阔地带的灌木丛中，喜肥沃、疏松、土层深厚的土壤。适宜温暖、潮湿和半荫蔽的环境，生长适温为 22~32℃。种子和分株繁殖。

分布：原产于菲律宾；中国科学院华南植物园有引种栽培。

观赏价值及应用：株形优美、雅致，观赏性较高，可用于园林造景和溪边湿地绿化。根状茎和叶药用，具有抗菌作用。

白线美山姜

Alpinia formosana 'Pinstripe'

形态特征：多年生草本，高 1~2 m。叶片椭圆形，沿侧脉间有白色细线纹。花冠白色，唇瓣中间红色、边缘白色。

习性：喜肥沃、疏松、土层深厚的土壤。适宜温暖、潮湿和半荫蔽的环境，生长适温为 22~32℃。种子和分株繁殖。

分布：为园艺栽培品种。中国科学院华南植物园和西双版纳热带植物园有栽培。

观赏价值及应用：株形优美，绿色的叶片具白条纹，甚为雅致，叶片可作插花配材，可作观叶植物用于园林造景，或盆栽于阳台点缀。

93

红豆蔻

Alpinia galanga (Linnaeus) Willdenow

别名：大高良姜、红蔻、良姜子

形态特征：多年生草本，高 1.5~2.5 m。根茎块状，断面淡黄色至淡蓝绿色。叶片长圆形或披针形，两面无毛。圆锥花序顶生，长15~30 cm；苞片线形至长椭圆形，外面密被短柔毛；花冠淡绿色；唇瓣倒卵状匙形，白色，或有时具红色条纹，顶端 2 深裂；雄蕊绿白色。蒴果长圆形，熟时红色，无毛，不开裂。

习性：生于海拔 100~1 300 m 的山谷林下、灌木丛中，喜肥沃、疏松、土层深厚的土壤。适宜温暖、潮湿和半荫蔽的环境，生长适温为18~32℃。种子和分株繁殖。

分布：中国广东、广西、海南、云南、台湾；热带亚洲广泛分布。

观赏价值及应用：花绿白色，果枣红色，均具有较高观赏性，丛植于庭院假山旁、溪流边点缀。根状茎称为大高良姜，供药用，味辛，性热，能散寒、暖胃、止痛，用于胃脘冷痛、脾寒吐泻；果实亦供药用，有去湿、散寒、醒脾、消食及防止饮酒过多等功效（阴虚有热者忌用）。一年生的根状茎切片可作调料，具有增香作用。叶鞘纤维，可供织粗布、制纤维板及造纸等。块根及叶含有芳香油，可作调和香精原料。

毛红豆蔻

Alpinia galanga var. *pyramidata* (Blume) K. Schumann

形态特征：与原种的区别在于叶鞘、叶柄及叶背密被短柔毛。

分布：中国云南；东南亚有分布。

观赏价值及应用：与原种相同。

脆果山姜

Alpinia globosa (Loureiro) Horaninow

形态特征：多年生草本，高 1.5~2 m。叶柄长 5~8 cm。叶片长圆形或长圆状披针形，两面除具缘毛外均无毛，基部楔形。圆锥花序顶生，长 15~30 cm；分枝顶端有花 4~8 朵；花淡黄色或淡黄白色，具浓郁芳香的气味；唇瓣淡黄色，圆形，顶端通常具 2 小齿或稀全缘，中脉两侧有紫色短条纹。蒴果球形，红色，密被柔毛，果皮薄而脆，易碎。

习性：喜肥沃、疏松、土层深厚的土壤。生于海拔 130~300 m 的疏林或密林下，适宜温暖、潮湿和半荫蔽的环境，生长适温为 18~32℃。种子和分株繁殖。

分布：中国云南（金平、河口）；越南有分布。

观赏价值及应用：花多繁密，具浓郁兰香气味，是不可多得的香型切花材料；山姜属具香味的种类不多，本种是观赏价值极高的芳香型花卉，可丛植于庭院点缀观赏，也可盆栽于走廊或室内观赏。果实药用，芳香健胃。

狭叶山姜

Alpinia graminifolia D. Fang & J. Y. Luo

形态特征：多年生草本，高 0.5~1 m。叶片线形，长 10~48 cm，宽 0.6~1.3 cm。总状花序顶生，长 4~11 cm；小苞片长约 1 mm；花黄色；花冠淡黄绿色至淡黄色；唇瓣卵形，黄色，杂有紫红色脉纹；花药淡黄色，药隔附属体三角形；花丝通常呈"V"字形弯曲。蒴果圆球形，熟时橙红色。

习性：喜肥沃、疏松、土层深厚的土壤。生于海拔 780~860 m 的山谷林下，适宜温暖、潮湿和半荫蔽的环境，生长适温为 18~32℃。种子和分株繁殖。

分布：特产于中国广西（上思）。

观赏价值及应用：株形紧凑，叶片狭线形，花黄色，可用于园林观赏，丛植于庭院山石旁、溪流边，也可用作林下、坡地的地被植物。根状茎药用，主治胃寒腹痛。

桂草蔻

Alpinia guilinensis T. L. Wu & S. J. Chen ined.

形态特征：多年生草本，高 2~4 m。叶柄长 2~4.5 cm，叶片背面密被短柔毛。圆锥花序顶生，长 20~45 cm；小苞片浅黄绿色，外面被粗毛；花冠白色带微红色；唇瓣红色、边缘黄色。蒴果扁球形，熟时橙红色。

习性：生于疏林或灌丛中，喜肥沃、疏松、土层深厚的土壤。适宜温暖、潮湿和半荫蔽的环境，生长适温为 18~32℃。种子和分株繁殖。

分布：中国广西东北部。

观赏价值及应用：株形优美，可用于园林造景，也适用于荒地绿化。

桂南山姜

Alpinia guinanensis D. Fang & X. X. Chen

形态特征：多年生草本，高 1.5~2.5 m。叶片长圆形，基部不对称。圆锥花序顶生，长 15~30 cm；苞片长圆形，扁平；小苞片壳质状，紫红色；花冠白色带微红色；唇瓣卵形，淡黄色，杂有紫红色条纹；雄蕊密被紫红色斑点和腺毛，无药隔附属物。蒴果红色，球形。

习性：生于疏林或灌丛中，喜肥沃、疏松、土层深厚的土壤。适宜温暖、潮湿和半荫蔽的环境，生长适温为 18~32℃。种子和分株繁殖。

分布：特产于中国广西南部（隆安）。

观赏价值及应用：株形优美，小苞片紫红色，花色鲜艳，观赏性较高，可用于园林造景，也可作切花材料。根状茎药用，可用于破血行气、通经止痛等。种子可提取芳香油。

海南山姜

Alpinia hainanensis K. Schumann

形态特征：多年生草本，高 1.5~2.5 m。叶片线状披针形，长 40~60 cm，宽 3~7 cm，基部渐狭，两侧极不对称。总状花序顶生；总苞片长圆形，革质；苞片革质，长圆形，绿色，长 4~8 cm，宽 1.8~2.1 cm，顶端圆形，早脱落；小苞片阔椭圆形，乳白色或基部淡粉红色，基部被粗毛，早脱落；唇瓣三角状卵形，黄色，被不规则的紫红色斑点和向边缘辐射的紫红色条纹。蒴果球形，熟时金黄色，被粗毛。

习性：生于密林或疏林中，喜肥沃、疏松、土层深厚的土壤。适宜温暖、潮湿和半荫蔽的环境，生长适温为 18~32℃。种子和分株繁殖。

分布：特产于中国海南。

观赏价值及应用：株形挺拔，花期长，可用于庭院造景、林下绿化，供观赏。果实药用，主治胃寒胀痛、吐酸、噎膈反胃、泄泻，解酒毒及鱼肉毒。果实可作调味品，用于调制卤料等。

100

小草蔻

Alpinia henryi K. Schumann

形态特征：多年生草本，假茎较纤弱，高1.2~2 m。叶片线状披针形，宽3.5~6 cm，基部渐狭。总状花序顶生，总苞片黄绿色，无苞片；小苞片长圆形，白色或顶端粉红色；唇瓣黄色，三角状卵形，杂有淡紫红色小斑点和条纹；花药白色至淡黄色，无药隔附属物。蒴果球形，熟时橙红色，被短柔毛。

习性：生于山谷密林中，喜肥沃、疏松、土层深厚的土壤。适宜温暖、潮湿和半荫蔽的环境，生长适温为18~32℃。种子和分株繁殖。

分布：中国广东、广西、海南；越南有分布。

观赏价值及应用：唇瓣色彩艳丽，可用于庭院点缀或草坪绿化。果实药用，用于胃寒腹痛、胀满。种子可提取芳香油。

光叶山姜

Alpinia intermedia Gagnepain

形态特征： 多年生草本，高 0.6~1 m。叶片长圆形或披针形，无毛。圆锥花序顶生，长 10~15 cm。花序轴紫红色；分枝紫红色，顶端有 2~5 花。花白色，无毛。唇瓣卵形或长圆形，中脉两侧往后反折，白色，中脉两侧具红色条纹；雄蕊白色。蒴果球形，无毛，熟时红色。

习性： 生于海拔 300~1 000 m 的林下潮湿处，喜肥沃、疏松、土层深厚的土壤。适宜温暖、潮湿和半荫蔽的环境，生长适温为 20~32℃。种子和分株繁殖。

分布： 中国广东、海南（新记录）、台湾；日本、菲律宾有分布。

观赏价值及应用： 洁白的花有紫红色条纹，优雅迷人，可用于庭院布景，也可作林下绿化的地被植物。根茎和果实药用，用于中焦虚寒或气滞引起的脘腹胀满、食积、内积等积食症。

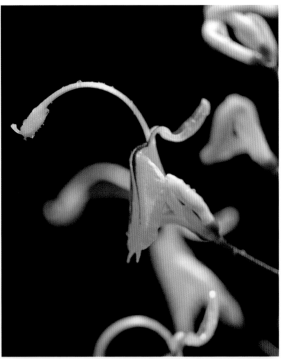

山姜

Alpinia japonica (Thunberg) Mique

别名：箭秆风、九龙盘、鸡爪莲、九节莲、姜叶淫羊藿

形态特征：多年生草本，高 35~75 cm。叶披针形、倒披针形或狭长椭圆形，两面被短柔毛。总状花序顶生，长 10~20 cm；总苞片红色；无苞片；小苞片极小，早脱落；花冠红色；唇瓣卵形，宽约 6 mm，白色，具红色条纹，顶端 2 裂。蒴果长椭圆形，长 2~3.2 cm，被短柔毛，熟时红色。

习性：喜肥沃、疏松、土层深厚的土壤。适宜温暖、潮湿和半荫蔽的环境，生长适温为 18~32℃。种子和分株繁殖。

分布：中国香港、广东、广西、海南、江西、福建、台湾、江苏、浙江、安徽、湖南、湖北、贵州、四川；日本也有分布。

观赏价值及应用：植株矮小，叶片两面有毛，花冠红色，唇瓣白色有紫红色条纹，可用于庭院点缀，也可作林下、坡地绿化的地被植物。根茎性温，味辛，能理气止痛、祛湿、消肿、活血通络，治风湿性关节炎、胃气痛、跌打损伤。果实供药用，为芳香性健胃药，治消化不良、腹痛、呕吐、噫气、慢性下痢。

箭秆风

Alpinia jianganfeng T. L. Wu [*A. sichuanensis* Z. Y. Zhu]

别名：四川山姜

形态特征：多年生草本，高 50~100 cm。叶片卵圆形、长圆形或长圆状披针形，长 15~35 cm，宽 3~7 cm，两面无毛。总状花序顶生；小苞片半圆形，极小，早脱落；花黄白色。蒴果球形，成熟时红色；种子被白色假种皮。

习性：生于海拔 450~1 100 m 的林下、沟边阴湿处，喜肥沃、疏松、土层深厚的土壤。生长适温为 18~32℃。种子和分株繁殖。

分布：中国广东、广西、贵州、湖南、江西、四川、云南。

观赏价值及应用：株形矮小、紧凑，可用于坡地绿化。全草及果实药用，全草用于发汗解表、外感风寒、周身疼痛等；果实用于健脾消积、消化不良、肚胀等。

草豆蔻

Alpinia katsumadae Hayata

别名：豆蔻

形态特征：多年生草本，高 2~3 m。叶片线状披针形，顶端渐尖，基部两边不对称。总状花序顶生，直立，长 15~25 cm；总苞片 2 枚，革质；苞片倒卵形，纸质，白色，长 0.5~1.1 cm，宽 2~6 mm；小苞片乳白色或偶见粉红色；唇瓣三角状卵形，长 5~5.5 cm，边缘及顶端黄色，基部密被紫红色斑点和向边缘辐射的紫色条纹。蒴果球形，熟时金黄色，被粗毛。

习性：生于密林或疏林中，喜肥沃、疏松、土层深厚的土壤。适宜温暖、潮湿和半荫蔽的环境，生长适温为 18~32℃。种子和分株繁殖。

分布：中国广东、广西、海南。

观赏价值及应用：本种植株强健，花期长，可用于庭院造景、林下绿化。果实药用，主治胃寒胀痛、吐酸、噎膈、反胃、泄泻，解酒毒及鱼肉毒。果实可作调味品，用于调制卤料等。

姜科

105

长柄山姜

Alpinia kwangsiensis T. L. Wu & S. J. Chen

形态特征：多年生草本，高 1.2~2.5 m。叶柄长 4~8 cm；叶片长圆状披针形，基部通常浅心形，背面密被短柔毛。总状花序顶生；总苞片绿色；无苞片；小苞片鲜时红褐色，长圆形，壳状包卷，果时宿存；唇瓣卵形，边缘黄色，中脉部基部橙红色，上部橙黄色，两侧紫红色。果圆球形，被疏长毛。

习性：生于海拔 580~1 300 m 的疏林潮湿处，喜肥沃、疏松、土层深厚的土壤。适宜温暖、潮湿和半荫蔽的环境，生长适温为 18~32℃。种子和分株繁殖。

分布：中国广东、广西、贵州、云南。

观赏价值及应用：可植于庭院、林下及路旁点缀，也可作林下、坡地绿化的地被植物。根状茎、种子药用，治脘腹冷痛、胃寒呕吐。叶鞘为优质纤维，用于编织制品供出口。

假益智

Alpinia maclurei Merrill

形态特征：多年生草本，高 1.0~1.8 m。叶片披针形或长椭圆形，背面被短柔毛。圆锥花序顶生，长 20~35 cm；总苞片长圆形，无苞片；小苞片长圆形，膜质；花冠白色；唇瓣长圆状卵形，淡黄色，花时两侧反折；花丝呈半圆形弯曲，淡黄色。蒴果球形至椭圆形，被短疏柔毛，果皮易碎。

习性：生于密林或疏林中，喜肥沃、疏松、土层深厚的土壤。适宜温暖、潮湿和半荫蔽的环境，生长适温为 18~32℃。种子和分株繁殖。

分布：中国广东、广西、云南；越南有分布。

观赏价值及应用：花黄色，唇瓣反折，形如跳舞女郎，花果均具较高的观赏价值，可栽于庭院供观赏或盆栽于客厅、阳台及走廊装饰。根状茎、种子药用，主治反胃呕吐。

毛瓣山姜

Alpinia malaccensis (Burm.f.) Roscoe

形态特征： 多年生草本，高 1.5~2.5 m，假茎粗壮。叶片长圆状披针形，背面被长柔毛。总状花序顶生，长 20~35 cm；小苞片白色；花萼钟状，外面密被绢毛；花冠白色，外面被绢毛；无侧生退化雄蕊，唇瓣卵形，黄色，杂有红色斑点和条纹。蒴果球形，密被毛，熟时黄色。

习性： 生于山地疏、密林中，喜肥沃、疏松、土层深厚的土壤。适宜温暖、潮湿和半荫蔽的环境，生长适温为 18~32℃。种子和分株繁殖。

分布： 中国云南、西藏；东南亚有分布。

观赏价值及应用： 可用于林下、坡地绿化。种子药用，治胸腹满闷、反胃呕吐、宿食不消。

马来良姜

Alpinia mutica Roxburgh

形态特征：多年生草本，高 1.2~2.0 m。叶片长披针形，宽 3.0~5.0 cm，两面无毛。圆锥花序顶生，总苞片黄绿色；苞片和小苞片白色，长不超过 1 cm；花冠白色；唇瓣微三裂，顶端皱波状，黄色，中间具红色斑点和条纹。蒴果球形，橙黄色，被微柔毛。

习性：生于林缘向阳的地方，喜肥沃、疏松、土层深厚的土壤。适宜温暖、潮湿和半荫蔽的环境，生长适温为 18~32℃；种子和分株繁殖。

分布：原产于马来半岛。

观赏价值及应用：可作坡地绿化的地被植物。

黑果山姜

Alpinia nigra (Gaertner) B. L. Burtt

形态特征：散生草本，高 1.2~2.8 m。叶片两面光滑无毛。圆锥花序顶生；苞片线状披针形，无毛；小苞片早脱落；花冠白色至淡粉红色；唇瓣倒卵形，粉红色，顶端 2 浅裂，基部具瓣柄；花药粉红色，被短柔毛，药隔附属物 2 裂。蒴果近球形，疏被短柔毛，熟时黑色。

习性：生于海拔 700~1 100 m 的山谷林缘阴湿处或沼泽地，喜肥沃、疏松、土层深厚的土壤。适宜温暖、潮湿的环境，生长适温为 18~32℃。种子和分株繁殖。

分布：中国云南南部；不丹、印度、斯里兰卡、泰国有分布。

观赏价值及应用：花色美丽，株形飘逸，可在庭院水池、溪旁布置，也可在沼泽地作水生植物种植。根茎药用，可行气消滞、解毒消肿；用于食滞中脘，虫、蛇咬伤。

华山姜

Alpinia oblongifolia Hayata

形态特征：多年生草本，高 0.5~1.5 m。叶片长圆形或披针形，光滑无毛。圆锥花序顶生，花序轴黄绿色至紫红色，分枝有花 2~4 朵；小苞片长圆形，膜质，白色，早脱落；花冠白色，外面密被极短柔毛；唇瓣卵形，不反折，白色，中部具两条纵向的红色条纹。蒴果球形，熟时红色，直径 5~8 mm。

习性：生于海拔 100~2 500 m 的山地密林中，喜肥沃、疏松、土层深厚的土壤。生长适温为 18~32℃。种子和分株繁殖。

分布：中国广东、广西、海南、福建、湖南、江西、四川、云南、浙江、台湾；老挝、越南有分布。

观赏价值及应用：花序多花，唇瓣白色并有红色条纹，清秀优雅，用于庭院点缀、园林造景。根状茎药用，主治胃气痛、风寒咳喘、风湿关节疼痛、跌损瘀血停滞、月经不调、无名肿毒。根状茎和种子可提取芳香油。

高良姜

Alpinia officinarum Hance

别名：风姜、小良姜

形态特征：多年生草本，假茎纤弱，高
30~120 cm。叶片线形，宽 1~2 cm，两面无毛。
总状花序顶生；小苞片极小，长 0.8~1 cm，
早脱落；花冠白色；唇瓣卵形至长圆形，
白色，杂有紫红色条纹。蒴果球形，熟时橙
红色。

习性：生于疏林或灌丛中，喜肥沃、疏松、
土层深厚的土壤。生长适温为 18~32℃。种
子和分株繁殖。

分布：中国广东、海南、广西。

观赏价值及应用：花、果均具有较高的
观赏价值，可用于园林绿化。根茎供药用，可温中散寒、止痛消食。根状茎和叶均可提取芳香油。

卵果山姜

Alpinia ovoidocarpa H. Dong & G. J. Xu

形态特征：多年生草本，高 1.5~2.5 m。叶片长圆状椭圆形，无毛，基部浅心形或圆形，不对称。总状花序顶生，直立，花密集；小苞片肉红色，后变褐色，壳质状；花冠白色；唇瓣卵形，白色，中脉黄色，两侧具红色斑点和条纹。蒴果卵球形，疏被毛，熟时红色，小苞片缩存。

习性：生于山谷林中，喜肥沃、疏松、土层深厚的土壤。生长适温为 18~32℃。种子和分株繁殖。

分布：中国广西。

观赏价值及应用：花具有较高的观赏价值，可用于园林绿化及坡地复绿。

棱果山姜（新拟）

Alpinia oxymitra K. Schumann

形态特征：多年生草本，高 1.2~1.6 m。叶片线状披针形，顶端具长尾尖，边缘具脱落性细刚毛或细锯齿。总状花序顶生，直立；苞片僧帽状，密被绒毛；花冠淡绿白色，外面密被长柔毛；唇瓣倒卵状，浅黄白色，基部两侧具 2 条红色线条。蒴果圆柱状，长 2~3.5 cm，密被短柔毛，有 8~12 条棱，幼时绿色，成熟时橙黄色。

习性：生于山坡、山谷林下阴湿处，喜肥沃、疏松、土层深厚的土壤。生长适温为 20~32℃。种子和分株繁殖。

分布：原产于柬埔寨、泰国、老挝、马来西亚；中国科学院华南植物园有引种栽培。

观赏价值及应用：株形紧凑、优美，具有较高的观赏价值，可用于园林绿化及坡地复绿。

益智

Alpinia oxyphylla Miquel

别名：益智仁、益智子

形态特征：多年生草本，高 1.1~1.8 m。叶片披针形，顶端渐狭，边缘具脱落性细刚毛。总状花序顶生；总苞 2~3 枚，披针形，交叠呈帽状包藏着花序；通常无小苞片，或极少见；花冠白色，背面稀疏被微柔毛；唇瓣倒卵形，白色，具粉红色脉纹。蒴果近球形，被短柔毛。

习性：生于山坡、山谷林下阴湿处，喜肥沃、疏松、土层深厚的土壤。生长适温为 18~32℃，种子和分株繁殖。

分布：中国广东、海南、广西。

观赏价值及应用：株形优美，花晶莹剔透，花序包藏于一帽状总苞片中，可用于园林绿化及坡地复绿。干燥果实药用，用于肾虚遗尿、小便频数、遗精白浊、脾寒泄泻、腹中冷痛、口多唾涎。鲜果可制成凉果或蜜饯供食用。

宽唇山姜

Alpinia platychilus K. Schumann

形态特征：粗壮草本，高 1.8~2.5 m。叶鞘、叶舌被黄色长柔毛；叶片两面被毛。总状花序顶生，直立，极粗壮；花冠乳白色；唇瓣宽倒卵形，黄色，具红色斑点和条纹，长 5~7 cm，宽 7.5~10 cm，顶端 2 裂。蒴果球形，直径 2~3.5 cm，被粗毛，熟时黄色。

习性：生于海拔 700~1 600 m 的山地林缘或路旁，喜肥沃、疏松、土层深厚的土壤。种子和分株繁殖。

分布：中国云南南部。

观赏价值及应用：植株粗壮，在原产地较大的外形似小"芭蕉"，可用于庭院点缀。新鲜嫩花序洁白、肥大，可烤熟作野菜食用。

多花山姜

Alpinia polyantha D. Fang

形态特征：多年生草本，高 1.8~3 m。叶鞘、叶舌及叶柄密被绒毛；叶片披针形至椭圆形，叶正面无毛，背面密被绒毛。圆锥花序顶生，直立，长 25~50 cm；花具浓郁的芳香味；无苞片；唇瓣近圆形或宽倒卵形，淡黄色，两侧有红色短条纹。蒴果球形，熟时黄色。

习性：生于山地林缘或路旁，喜肥沃、疏松、土层深厚的土壤。种子和分株繁殖。

分布：中国广西、云南。

观赏价值及应用：花多繁密，具浓郁兰香气味，可作香型切花材料，也可栽培庭院点缀。根状茎、种子药用，用于胸腹满闷、反胃呕吐、宿食不消、咳嗽。

花叶山姜

Alpinia pumila J. D. Hooker

別名：野姜黄

形态特征：匍匐草本，高6~15 cm。叶片1~3枚，椭圆形或长圆形，叶面绿色杂有银白色条纹。总状花序通常顶生于有叶片假茎上，或偶见生于无叶片的花葶上；无小苞片，花冠白色；唇瓣卵圆形，白色，具红色条纹，边缘具浅齿。蒴果球形，密被毛。

习性：生于山坡或山谷密林中潮湿处，喜肥沃、疏松、土层深厚的土壤。种子和分株繁殖。

分布：中国广东、广西、湖南、云南。

观赏价值及应用：叶片绿色并具银白色相间条纹，可盆栽作耐阴观叶植物。根状茎药用，用于风湿痹痛、脾虚泄泻、跌打损伤。

観賞姜目
植物与景观

118

紫苞山姜

Alpinia purpurata (Vieillard) K. Schumann

别名：紫红月桃、紫花山姜、紫姜、曙红山姜

形态特征：多年生草本，高1.2~2.5 m。叶片两面无毛。总状花序顶生，通常下垂，长10~35 cm；苞片宽倒卵形或长圆形，红色。蒴果红色，三棱形，无毛，直径2~3 cm；种子有棱角，直径约3 mm。

习性：生于热带雨林中，喜肥沃、疏松、土层深厚的土壤。生长适温为22~32℃，极不耐寒，在广州室外栽培遇极端天气不能安全过冬。种子和分株繁殖。

分布：印度尼西亚、巴布亚新几内亚、所罗门群岛等太平洋岛屿。

观赏价值及应用：可植于大型温室及热带地区庭院造景，花序可作高档切花材料。

云南草蔻

Alpinia roxburghii Sweet

形态特征：多年生草本，高 1.5~2.5 m。叶片披针形或倒披针形，密被长柔毛。总状花序顶生，长 20~30 cm；花冠白色至淡红色；唇瓣卵形或倒三角形，中部红色，边缘黄色；子房长圆形，密被茸毛。蒴果球形或椭圆形。

习性：喜肥沃、疏松、土层深厚的土壤。适宜温暖、潮湿和半荫蔽的环境，生长适温为 18~32℃。种子和分株繁殖。

分布：中国广东，广西，云南南部、西部；孟加拉国、印度、老挝、缅甸、泰国、越南也有分布。

观赏价值及应用：唇瓣色彩艳丽，植株丛生性强，可用于庭院造景或林下点缀，也可丛植或片植于林下路旁潮湿处作为园林绿化。种子供药用，有燥湿、暖胃、健脾的功效，用于心腹冷痛、痞满吐酸、噎膈、反胃、寒湿吐泻。

光叶云南草蔻

Alpinia roxburghii var. *glabrior* (Handel-Mazzetti) T. L. Wu ined.

形态特征：多年生草本，高 0.8~1.5 m。叶片两面无毛。总状花序顶生，长 10~20 cm；花冠白色；唇瓣卵形至倒三角形，白色，具红色条纹和斑块。蒴果椭圆形，长 0.8~1.5 cm，被毛。

习性：喜肥沃、疏松、土层深厚的土壤。适宜温暖、潮湿和半荫蔽的环境，生长适温为 18~32 ℃。种子和分株繁殖。

分布：中国云南、广西、广东；越南有分布。

观赏价值及应用：花晶莹剔透，唇瓣色彩美丽，观赏价值高，是切花的优质材料；植株丛生性强，可用于庭院造景或林下点缀，也可丛植或片植于林下绿化。根状茎、种子供药用，主治胸腹满闷、反胃呕吐、宿食不消、小便不利。

皱叶山姜

Alpinia rugosa S. J. Chen & Z. Y. Chen

形态特征：多年生草本，高 0.6~1.2 m。叶鞘具粗条纹，呈方格状；叶片长圆形，极皱，基部两侧呈耳状交叠。总状花序顶生，直立；花萼管状，粉红色至红色；唇瓣卵形，橙黄色，有红色斑。蒴果球形，橙黄色，被短柔毛。

习性：生于林下潮湿处，喜肥沃、疏松、土层深厚的土壤。生长适温为 18~32℃。种子和分株繁殖。

分布：中国海南（保亭）。

观赏价值及应用：叶形奇特，观赏性极高，可用作切花材料；可植于庭院造景，也可盆栽于客厅供观赏。

密苞山姜

Alpinia stachyodes Hance

别名：箭秆风、一枝箭

形态特征：多年生草本，高0.5~1.2 m。叶片背面密被短绒毛。穗状花序顶生，直立；花冠白色；唇瓣倒卵形，白色，具红色脉纹。蒴果球形，熟时红色，密被短柔毛；种子4~6粒。

习性：生于密林下阴湿处，喜肥沃、疏松、土层深厚的土壤。生长适温为18~32℃。种子和分株繁殖。

分布：中国广东、广西、湖南、江西、四川、贵州、云南。

观赏价值及应用：株形优雅，可作林下、坡地绿化的地被植物。果实药用，民间常用于治风湿痹痛。

球穗山姜

Alpinia strobiliformis T. L. Wu & S. J. Chen

形态特征：高 0.6~1 m。叶柄、叶舌及叶鞘密被绒毛；叶片线形，背面密被绒毛。穗状花序顶生，呈球果状，具短柄；苞片覆瓦状排列，两面密被长柔毛；小苞片，外面被金色绢毛；花白色；唇瓣长圆形，顶端 2 裂，无侧生退化雄蕊。果球形，熟时红色。

习性：生于海拔 1 000~1 900 m 的密林下阴湿处，喜肥沃、疏松、土层深厚的土壤。生长适温为 18~29℃，超过 30℃生长不良。种子和分株繁殖。

分布：中国广西、云南。

观赏价值及应用：可作林下、坡地绿化的地被植物，也可盆栽供观赏。

光叶球穗山姜

Alpinia strobiliformis T. L. Wu & S. J. Chen var. *glabra* T. L. Wu

形态特征：与原种的区别在于除叶背中脉和苞片被短柔毛外，全株均无毛。

习性：生于海拔 400~1 900 m 的密林下阴湿处，喜肥沃、疏松、土层深厚的土壤。生长适温为 18~30℃。种子和分株繁殖。

分布：中国海南、广东、广西。

观赏价值及应用：可作林下、坡地绿化的地被植物，也可盆栽供观赏。

滑叶山姜

Alpinia tonkinensis Gagnepain

形态特征： 多年生草本，高 0.6~1.5 m。叶片革质，两面光滑无毛。圆锥花序顶生，直立，长 20~40 cm；花萼管状，淡黄绿色，外面密被短绒毛；花冠淡黄绿色；唇瓣卵形或长圆形，白色至淡黄白色，具紫红色条纹。蒴果球形至长圆形，成熟时红色。

习性： 生于密林下阴湿处，喜肥沃、疏松、土层深厚的土壤。生长适温为 18~32℃。种子和分株繁殖。

分布： 中国广西、海南；越南有分布。

观赏价值及应用： 株形优雅，花色美丽，是良好的园林造景植物。根茎亦作调味香料。根状茎、果实药用；根状茎外用于风湿痹痛；果实行气开胃，用于胸腹满闷、反胃呕吐、宿食不消。

艳山姜

Alpinia zerumbet (Persoon) B. L. Burtt & R. M. Smith

别名：玉桃、草扣

形态特征：多年生草本，高 1.5~2.5 m。叶片披针形，两面无毛。圆锥花序顶生，下垂或半下垂；小苞片包围着花蕾，白色，顶端粉红色，无毛；花冠乳白色，顶端粉红色；唇瓣宽卵状匙形，黄色，有紫红色斑点和条纹。蒴果球形或扁球形，具明显的纵棱，熟时朱红色。

习性：生于山谷、山坡疏林下，喜肥沃、疏松、土层深厚的土壤。生长适温为 18~32℃。种子和分株繁殖。

分布：中国广东、广西、海南、台湾、云南；亚洲东南部有分布。

观赏价值及应用：株形优雅，花色美丽，果实具棱，朱红色，是良好的园林造景植物。根茎和果实药用，健脾暖胃，燥湿散寒；治消化不良、呕吐腹泻。根状茎具有止痛作用，对寒湿型胃脘痛、坐骨神经痛、风湿关节痛有良好的止痛效果（吴俏仪，1986）。叶片可用于包裹粽子等食品。

花叶艳山姜

Alpinia zerumbet 'Variegata'

形态特征：多年生草本，高 1~1.5 m。叶片线状披针形，有黄绿色及金黄色相间斑纹。圆锥花序，下垂；小苞片椭圆形，白色，顶端粉红色；花冠裂片乳白色，顶端粉红色；唇瓣匙状宽卵形，黄色而有紫红色脉纹。果扁球形，具纵条纹，熟时橙黄色。花期 5—7 月，果期 7—10 月。

习性：喜潮湿、肥沃、疏松、土层深厚的土壤。适宜半荫蔽或光照充足的环境，生长适温为 20~30℃，采用分株和组织培养繁殖。

分布：园艺栽培。

观赏价值及应用：由于株形优美、叶色秀丽、花姿雅致，具有较高的观赏性。是南方庭院常见观叶植物，可作地被植物栽植，也是盆栽观赏的植物及切花材料。

升振山姜

Alpinia 'Shengzhen'

形态特征：多年生草本，高 1.2~2 m。叶片披针形，长 30~70 cm，宽 4~11 cm，顶端渐尖，基部楔形。圆锥花序，长可达 30 cm，小苞片粉红色或深红色，唇瓣黄色，有紫红色条纹。花期 2—5 月。

升振山姜是草豆蔻和小草蔻杂交而得，为纪念中国科学院华南植物园的姜科植物保育专家"陈升振"先生而命名的品种。

习性：喜肥沃、疏松、土层深厚的土壤。适宜温暖、潮湿和半荫蔽的环境，生长适温为 20~30℃。采用分株繁殖。

分布：园艺栽培。

观赏价值及应用：株形优美，花序苞片及唇瓣的颜色艳丽，观赏价值极高，是高档切花材料，也可丛植于庭院、溪流边点缀。

豆蔻属 *Amomum* Roxburgh

多年生草本，根状茎匍匐，假茎基部略膨大成球形，有一些种类具有支撑根。花序基生；穗状花序、总状花序或圆锥花序；花序梗短或长，直立或匍匐；无总苞片；苞片覆瓦状排列，宿存；小苞片通常管状；雄蕊短于唇瓣，药隔附属物延长，顶端超出花药，全缘的或 3 浅裂。蒴果不开裂或具不规则开裂，平滑具皮刺、棱或翅。

约 150 种。分布于亚洲热带地区和澳大利亚，多数在马来西亚地区；中国产 38 种，主要分布于西南及华南等地。

香砂仁（新拟）

Amomum aromaticum Roxburgh

别名： 孟加拉豆蔻、黑豆蔻

形态特征： 多年生草本，高 1~1.8 m。根状茎稍具芳香气味，假茎基部关节膨大呈球状；叶片长圆形。总状花序基生，椭圆形；苞片红色或淡红色，匙形；花冠裂片白色；无侧生退化雄蕊；唇瓣倒卵形，白色，中脉橘黄色，间有红色小斑点。蒴果卵形，紫红色，具浅棱，表皮具瘤状凸起和密被柔毛。

习性： 生于山谷、山坡林下潮湿的地方，喜肥沃、疏松、土层深厚的土壤。生长适温为 20~32℃。种子和分株繁殖。

分布： 原产于孟加拉国；中国云南（西双版纳）和广东（广州）有栽培。

观赏价值及应用： 株形优雅，花色美丽，可作林下、坡地绿化的地被植物。果实药用，主要用于刺激食欲和消化不良；可用于食品和饮料调味香料；提取物可用于化妆品中。

双花砂仁

Amomum biflorum Jack

形态特征：散生草本，高
60~120 cm。叶片披针形，倒披
针形或长圆形，背面密被柔软
的绒毛。穗状花序基生；苞片
粉红色，外面被微柔毛；花冠
白色，被绢毛；唇瓣倒卵形，
白色，顶端和中脉橙黄色，中
脉两侧有2条红色带。蒴果棕色，
无毛，具浅棱。

习性：生于山谷、山坡林下
潮湿的地方，喜肥沃、疏松、
土层深厚的土壤。生长适温为
22~32℃。种子和分株繁殖。

分布：原产于老挝、越南、
柬埔寨、泰国。中国广东（广州）、海南和云南（西双版纳）有栽培。

观赏价值及应用：可作林下、坡地绿化的地被植物。果实作香料和药用；叶片、根茎均含有精油。

海南假砂仁

Amomum chinense Chun

别名：土砂仁

形态特征：散生草本，高 1~1.5 m。叶鞘绿色或有时带紫红色，具显著的凹陷、方格状网纹；叶片长圆形，两面光滑无毛。总状花序基生，卵形或倒卵形；苞片淡红色至紫红色；唇瓣白色，中脉黄绿色、两侧密被紫红色斑点。蒴果球形，紫红色，被短柔毛、分枝柔刺，柔刺顶端黄绿色。

习性：生于山谷林下潮湿处，喜肥沃、疏松、土层深厚的土壤。生长适温为 20~32℃。种子和分株繁殖。

分布：中国海南。

观赏价值及应用：可作林下、坡地绿化的地被植物。果实药用，可行气、消滞；民间作砂仁用。

爪哇白豆蔻

Amomum compactum Solander ex Maton

形态特征：多年生草本，高1~1.5 m。叶片披针形，先端尾状，尾尖长约2.5 cm。穗状花序圆筒状，基生，长约5 cm，花后伸长；苞片黄色，卵状长圆形；花冠白色或淡黄色；唇瓣椭圆形，白色，中部具黄色和红色条纹，两侧具红色斑点。蒴果扁球形，粉红色。

习性：喜肥沃、疏松、土层深厚的土壤。适宜温暖、潮湿的环境，生长适温为22~32℃，不耐寒、忌霜冻。种子和分株繁殖。

分布：原产于印度尼西亚爪哇岛。

观赏价值及应用：可用于林下绿化。干燥果实药用，具有化湿消痞、行气温中、开胃消食等药用功能，主治湿浊中阻、不思饮食、湿温初起、胸闷不饥、寒湿呕逆、胸腹胀痛、食积不消等。果实可用作食品调料。

荽味砂仁

Amomum coriandriodorum S. Q. Tong & Y. M. Xia

形态特征： 多年生草本，高 1~1.5 m，根茎与叶具芫荽香味。基部具红色无叶片的叶鞘。叶片椭圆形或狭椭圆形，两面无毛，无柄。穗状花序近倒卵形；苞片狭长圆形，红色；花冠裂片狭长圆形，红色；唇瓣 3 浅裂，边缘皱波状，杏黄色；无侧生退化雄蕊。蒴果椭圆形，紫红色。

习性： 生于海拔 900~1 400 m 的山谷、路旁及林缘潮湿的地方，喜肥沃、疏松、土层深厚的土壤。适宜温暖、潮湿的环境，生长适温为 20~29℃，不耐寒、忌霜冻。种子和分株繁殖。

分布： 中国云南（普洱、孟连、畹町、瑞丽、盈江等地）。

观赏价值及应用： 可用于林下绿化。民间常用叶作食用香料。

长果砂仁

Amomum dealbatum Roxburgh

形态特征：丛生草本，高 2~3 m。叶片长椭圆形，长 30~95 cm，背面被长柔毛。花序近球形，基生；苞片黄绿色，开花前腐烂；小苞片早腐烂；花萼管状，淡红色；花冠白色；唇瓣椭圆形，白色，中部具黄色和红色条纹。蒴果具 9 翅，紫绿色，边缘有锯齿。

习性：生于海拔 600~830 m 的山谷林下阴湿处，喜肥沃、疏松、土层深厚的土壤。生长适温为 20~32℃。种子和分株繁殖。

分布：中国云南南部；印度（锡金）、孟加拉国亦有。

观赏价值及应用：花色美丽，花期长，株形优雅，是良好的园林造景植物，也可作林下、坡地绿化的地被植物；鲜果的种子团（假种皮）可食用，味酸甜。

长序砂仁

Amomum gagnepainii T. L. Wu, K. Larsen & Turland
[*A. thyrsoideum* Gagnepain]

形态特征：散生草本，高 0.8~1.2 m。叶舌平截至圆形；叶片长圆状披针形，光滑无毛。总状花序基生，长 8~13 cm。花序梗直立，长 8~25 cm，果时延长；苞片覆瓦状排列，狭长圆形至披针形，薄革质；唇瓣扇状匙形，白色，中脉到顶端黄色，两侧具紫红色脉纹。蒴果近球形或卵球形，绿色，具紧密直刺。

习性：生于海拔 300~800 m 山谷林下潮湿处，喜肥沃、疏松、土层深厚的土壤。生长适温为 18~32℃。种子和分株繁殖。

分布：中国广西；越南有分布。

观赏价值及应用：可作林下、坡地绿化的地被植物。根状茎药用，治疟疾、跌打散淤；果实药用，治脘腹胀痛、食欲不振、恶心呕吐、胎动不安。

无毛砂仁

Amomum glabrum S. Q. Tong

形态特征：散生草本，高 0.8~1.2 m。上部的叶柄长 1~4 cm，下部的叶无柄；叶片狭椭圆状披针形，无毛。穗状花序基生；不育苞片紫红色或淡粉红色，先端突然收缩成小尖头；唇瓣卵圆形，白色，中脉橙黄色和密被紫红色斑点。蒴果近球形或倒卵形，熟时暗紫褐色。

习性：生于海拔约 700 m 的山谷林下潮湿处，喜肥沃、疏松、土层深厚的土壤。生长适温为 18~32℃。种子和分株繁殖。

分布：中国云南南部；老挝也有分布。

观赏价值及应用：可作林下、坡地绿化的地被植物。

海南豆蔻

Amomum hainanense Y. S. Ye, J. P. Liao & P. Zou

形态特征: 多年生草本, 高 30~60 cm。叶片绿色, 椭圆形或长圆形, 上面无毛, 下面密被短绒毛。总状花序沿地面匍匐, 有花 2~4 朵; 苞片卵形, 紫红色, 每苞片内有 1 花; 花冠白色, 顶端和基部疏被红色斑点; 唇瓣白色, 中脉橙黄色, 两侧具放射状的透明条纹。蒴果紫黑色。

习性: 生于山谷林下潮湿的地方, 喜肥沃、疏松、土层深厚的土壤。生长适温为 18~32℃。种子和分株繁殖。

分布: 中国海南 (吊罗山)。

观赏价值及应用: 株形优雅, 是良好的园林造景植物, 也可作林下、坡地绿化的地被植物。

白背豆蔻（新拟）

Amomum hypoleucum Thwaites

形态特征：散生草本，高 1.5~2 m。根状茎延长，近基部有明显的支撑根。叶片长圆形、倒卵形或倒披针形，正面绿色，无毛，背面密被银白色绢毛。穗状花序基生，花序梗极短；苞片白色、淡粉红色或淡绿色；唇瓣倒卵形，白色，中部橙黄色，中脉红色。蒴果近球形，淡红色，具狭翅。

习性：生于海拔 900~1 200 m 的路旁山坡森林中，喜肥沃、疏松、土层深厚的土壤。生长适温为 18~32℃。种子和分株繁殖。

分布：中国云南（西盟，中国新记录）；印度有分布。

观赏价值及应用：叶背银白色，花色美丽，可作林下、坡地绿化的地被植物。

野草果

Amomum koenigii J. F. Gmelin

形态特征：散生草本，高 1.2~2 m。叶鞘有不明显的纵条纹，绿色或有时带灰白色，无毛；叶片披针形或长圆形，外形像"棕叶芦"。穗状花序倒卵形，基生，花序梗长 10~20 cm；苞片红绿色或灰黄绿色；唇瓣白色，中脉黄色，两侧有红色条纹。蒴果卵球形或长圆形，紫红色。

习性：生于海拔 200~1 500 m 的山谷或山坡疏林下，喜肥沃、疏松、土层深厚的土壤。半荫蔽或全光照均可，生长适温为 18~32℃。种子和分株繁殖。

分布：中国广西、云南；印度、泰国有分布。

观赏价值及应用：可作林下、坡地绿化的地被植物。果实药用，可驱风行气。

海南砂仁

Amomum longiligulare T. L. Wu

别名：海南壳砂仁

形态特征：散生草本，高 1~1.5 m。叶舌长 20~50 mm，绿色；叶片线形状披针形。总状花序基生；苞片狭倒卵形或长圆形，下部粉红色，上部黄绿色，外面密被短柔毛；唇瓣内凹成兜状，白色，顶端黄色，中脉紫红色。蒴果球形，熟时深紫黑色，具分枝片状的柔刺。

习性：生于疏林中或路旁，喜肥沃、疏松、土层深厚的土壤。生长适温为 18~32℃。种子和分株繁殖。

分布：中国海南（保亭、澄迈、儋州）。

观赏价值及应用：可用于林下、坡地绿化。果实药用，具有温脾止泻、化湿开胃、理气安胎功效，用于湿浊中阻、脘痞不饥、脾胃虚寒、呕吐泄泻、妊娠恶阻、胎动不安。

长柄豆蔻

Amomum longipetiolatum Merrill

形态特征：散生草本，高 30~60 cm。根状茎延长；叶片正面绿色，背面银白色，长圆状披针形。总状花序基生，椭圆形；苞片披针形或狭长圆形，白色或淡粉红色，鲜时质脆；花冠白色；唇瓣倒卵形或长圆形，白色，中部淡黄色，基部淡红色。蒴果近球形，被棕色短柔毛。

习性：生于海拔 400~600 m 的林中，喜肥沃、疏松、土层深厚的微酸性土壤。适宜温暖、潮湿和半荫蔽的环境，生长适温为 18~30℃；种子和分株繁殖。

分布：中国广西、海南。

观赏价值及应用：花叶皆美，四季青绿，株形矮小，适应性强，可丛植或片植于庭院角隅点缀，可作林下、坡地绿化的地被植物。

九翅豆蔻

Amomum maximum Roxburgh

形态特征：丛生草本，高 2~3 m。叶舌长圆形，浅黄绿色，被稀疏白色短柔毛；叶片长椭圆形或椭圆形，背面被长柔毛。总状花序基生，近球形，直径 5~8 cm；苞片黄绿色或紫红绿色；唇瓣卵形，白色，具黄色、红色的条纹或斑点。蒴果卵球形，绿色，有翅 9 条，翅上有齿。

习性：生于海拔 400~800 m 的林中潮湿处，喜肥沃、疏松、土层深厚的微酸性土壤。适宜温暖、潮湿和半荫蔽的环境，生长适温为 18~30℃。种子和分株繁殖。

分布：中国广东、广西、云南及西藏南部；印度尼西亚有分布。

观赏价值及应用：花叶皆美，四季青绿，适应性强，可丛植于庭院角隅点缀或园林造景。果实药用，开胃、消食、行气、止痛。原产地居民还采集假茎嫩心，蘸番茄酱食用，可生食，也可煮熟后食用。

蒙自砂仁

Amomum mengtzense H. T. Tsai & P. S. Chen

形态特征：丛生草本，高 1.2~1.8 m。根状茎紫红色，具强壮的支撑根。叶片长椭圆形，正面绿色，侧脉凸起。圆锥花序基生，通常有 2~4 枚；花序柄长 10~25 cm；苞片长圆形，淡紫红色带绿色，往上变成黄绿色；花橙黄色。蒴果椭圆形，绿色，具 9 翅。

习性：生于海拔 100~200 m 的热带雨林中，喜肥沃、疏松、土层深厚的微酸性土壤。适宜温暖、潮湿和半荫蔽的环境，生长适温为 18~30℃。种子和分株繁殖。

分布：中国云南南部。

观赏价值及应用：株形优雅，花色美丽，适应性强，可丛植于庭院角隅点缀或园林造景。果实药用，可开胃、消食、行气、止痛。

细砂仁

Amomum microcarpum C. F. Liang & D. Fang

形态特征：多年生、散生草本，高 1.5~2.5 m。叶片长圆状披针形，两面疏被长柔毛。总状花序基生，长圆形；苞片倒披针形至卵形；花冠红色；唇瓣圆匙形，白色，被红色的圆点。蒴果熟时暗紫红色，卵状球形，具疏伏毛和柔刺。

习性：生于海拔 300~600 m 的密林下潮湿处，喜肥沃、疏松、土层深厚的微酸性土壤。适宜温暖、潮湿和半荫蔽的环境，生长适温为 20~30℃。种子和分株繁殖。

分布：中国广西、云南。

观赏价值及应用：花色美丽，可丛植于庭院角隅点缀。果实药用，在原产地作砂仁用。

疣果豆蔻

Amomum muricarpum Elmer

别名：牛牯缩砂

形态特征：散生草本，高 1.5~2.3 m。叶片披针形，两面光滑无毛。总状花序基生，卵形；花冠红黄色，间有显著红色条纹；唇瓣杏黄色，具红色脉纹和斑点。蒴果球形或椭圆形，不开裂，熟时深紫红色，肉质刺呈鹿角状。

习性：生于海拔 300~1 000 m 的林下潮湿处，喜肥沃、疏松、土层深厚的土壤。适宜温暖、潮湿和半荫蔽的环境，生长适温为 18~30℃。种子和分株繁殖。

分布：中国广东、广西、海南；菲律宾有分布。

观赏价值及应用：株形优雅，是良好的林下、坡地绿化的地被植物。花蕾、种子药用，花蕾煎水服，治肺结核；种子煎水服，治胃酸过多、寒痛、妊娠腹痛、胎动不安。

波翅豆蔻

Amomum odontocarpum D. Fang

形态特征：丛生草本，高 1~1.5 m。叶片披针形。总状花序基生，卵形；苞片紫红色，花冠白色；唇瓣倒卵形，白色中脉橙黄色，有疏柔毛，两侧具红色斑点和清晰脉纹辐射到边缘。蒴果紫红色至暗紫褐色，具 9 翅。

习性：生于海拔 1 200~1 600 m 的山坡或沟边疏林下，喜肥沃、疏松、土层深厚的土壤，适宜温暖、潮湿和半荫蔽的环境。生长适温为 18~30℃。种子和分株繁殖。

分布：中国广西（西林）、云南（思茅）；越南、老挝也有分布。

观赏价值及应用：株形优雅，可盆栽供观赏，也是良好的林下、坡地绿化的地被植物。

拟草果

Amomum paratsaoko S. Q. Tong & Y. M. Xia

形态特征：丛生草本，高 1~2 m。叶舌全缘，长 2.5~3 cm，膜质，无毛；叶片狭椭圆状披针形，两面无毛。穗状花序卵圆形，直径 5~8 cm；苞片卵形或椭圆形，革质；花冠白色；无侧生退化雄蕊；唇瓣椭圆形，白色，中央密被红色斑点和红色条纹，边缘皱波状；雄蕊白色，无毛。

习性：生于海拔 500~1 600 m 的山坡疏林下，喜肥沃、疏松、土层深厚的土壤。适宜温暖、潮湿和半荫蔽的环境，生长适温为 20~30℃。种子和分株繁殖。

分布：中国广西、贵州、云南（西畴、屏边、麻栗坡、金平）。

观赏价值及应用：花红白色，姿态优雅，适宜盆栽供观赏，也是良好的林下、坡地绿化的地被植物。

宽丝豆蔻

Amomum petaloideum (S. Q. Tong) T. L. Wu

形态特征：丛生草本，高 0.7~1.2 m。基部叶鞘红色，具纵向条纹；叶片背面紫红色或淡绿色，椭圆形或披针形。穗状花序基生，卵形；花冠中部白色，两端淡紫红色；唇瓣倒卵形，白色，中脉紫红色；花丝淡红色至鲜红色，上部橙色，花药着生于花丝的中部；柱头紫红色。蒴果红色，先端具纵棱延长成翅状。

习性：生于海拔 500~600 m 密林中，喜肥沃、疏松、土层深厚的土壤。适宜温暖、潮湿和半荫蔽的环境，生长适温为 22~32℃。种子和分株繁殖。

分布：中国云南（勐腊）。

观赏价值及应用：植株较矮小，花形奇特，颜色艳丽，可盆栽供观赏，也可作林下或沟边绿化的地被植物。

149

方片砂仁

Amomum quadratolaminare S. Q. Tong

形态特征：丛生草本，高 0.8~1.2 m。叶片狭披针形，宽 3.5~4.5 cm，无毛。穗状花序基生；苞片红色，卵形或长圆形；花冠白色；唇瓣近圆形，白色，红色斑点。蒴果球形，具白色或淡粉红色柔刺。

习性：生于海拔 600~800 m 密林中，喜肥沃、疏松、土层深厚的土壤。适宜温暖、潮湿和半荫蔽的环境，生长适温为 20~32℃。种子和分株繁殖。

分布：中国云南南部。

观赏价值及应用：株形优雅，丛生性强，可作林下、坡地绿化的地被植物，也可盆栽供观赏。

150

银叶砂仁

Amomum sericeum Roxburgh

形态特征：<u>丛生草本，高 1.5~3 m。叶片披针形或椭圆形，背面被银白色绢毛。穗状花序基生，近球形；花冠白色；唇瓣长圆形，白色，中脉黄色，密被红色斑点。蒴果球形或倒卵状球形，浅绿色，有 3~5 棱，无毛。

习性：生于海拔 600~1 200 m 的密林潮湿处，喜肥沃、疏松、土层深厚的土壤。适宜温暖、潮湿和半荫蔽的环境，生长适温为 18~32℃。种子和分株繁殖。

分布：中国云南南部；印度、缅甸、尼泊尔有分布。

151

观赏价值及应用：株形优雅，叶背银白色，可作林下、坡地绿化的地被植物。根茎药用，用于关节冷痛。

香豆蔻

Amomum subulatum Roxburgh

形态特征：多年生草本，株高1~2 m。叶片长圆状披针形，两面无毛。穗状花序基生，近陀螺形；苞片卵形，淡红色，顶端钻状；花冠黄色。蒴果球形，紫色或红褐色，不开裂，具10余条波状狭翅。

习性：生于海拔300~1 300 m 的密林中潮湿处，喜肥沃、疏松、土层深厚的土壤。适宜温暖、潮湿和半荫蔽的环境，生长适温为18~30℃。种子和分株繁殖。

分布：中国西藏（墨脱）、云南、广西等地；孟加拉国、尼泊尔亦有分布。

观赏价值及应用：株形优雅，可作林下、坡地绿化的地被植物。果实可药用，治喉痛、肺结核、眼睑炎、消化不良，亦作甜品和糕点的调料。

草果

Amomum tsao-ko Crevost & Lemarié

形态特征：丛生草本，高 1.5~3 m，全株有辛香气。叶片长椭圆形或长圆形，长 40~70 cm，宽 10~20 cm，两面光滑无毛。穗状花序长 13~18 cm，每花序有 10~30 朵花；苞片披针形；花冠橙色；唇瓣椭圆形橙红色。蒴果长圆形或长椭圆形，熟时红色。

习性：生于海拔 1 000~1 800 m 的山坡疏林下潮湿处，喜肥沃、疏松、土层深厚的土壤。适宜凉爽、潮湿和半荫蔽的环境，生长适温为 20~29℃。种子和分株繁殖。

分布：中国云南、广西、贵州。

观赏价值及应用：可作林下绿化植物。全株可提取芳香油；果实可作调味香料；果入药，能治痰积聚、除瘀消食、截疟疾。

云南豆蔻

Amomum velutinum X. E. Ye, Škorničková & N. H. Xia

别名：吕氏砂仁

形态特征：丛生草本，高 40~60 cm。叶 3~5 片；基部叶鞘幼时紫红色；叶片长圆形。圆锥花序基生，花序梗长 5~10 cm，直立；苞片卵形或长圆形，鲜时紫红色；花白色。蒴果具 9 翅，球形，成熟时紫红色。

本种曾被误定为 *Amomum repoeense* Pierre ex Gagnepain，但后者的叶鞘、叶舌及叶片无毛，果白色、粉色或红色。

习性：生于海拔 500~1500 m 密林下，喜肥沃、疏松、土层深厚的土壤。适宜温暖、潮湿和半荫蔽的环境，生长适温为 18~32℃。种子和分株繁殖。

分布：中国云南南部；老挝、越南也有分布。

观赏价值及应用：可作林下、坡地绿化的地被植物。

疣子砂仁

Amomum verrucosum S. Q. Tong

形态特征：多年生草本，高 2~3.5 m。叶鞘具纵条纹，黄绿色，密被褐色长柔毛；叶片长圆形，正面绿色，背面黄绿色，密被短柔毛。穗状花序基生，头状或卵球形；苞片初时红色，后变成褐色；花冠橙黄色；唇瓣近倒卵形，橙黄色，具红色斑点和脉纹。蒴果球状，红色至紫黑色，具分枝硬刺；种子具疣状凸起。

习性：生于海拔 280~850 m 的林下潮湿处。适宜温暖、潮湿和半荫蔽的环境，生长适温为 18~32℃。种子和分株繁殖。

分布：中国云南（河口、屏边、蒙自）。

观赏价值及应用：花期长，花黄色具有红色条纹，果实球形，紫红色，具分枝柔硬刺，可用于园林造景点缀，也可作林下、坡地绿化的地被植物。

白豆蔻

Amomum verum Blackwell [*Amomum krervanh* Pierre ex Gagnepain]

形态特征：丛生草本，高 1.2~2.2 m。假茎基叶鞘绿色，叶鞘口密被灰白色长粗毛，叶舌密被灰白色长粗毛；叶片卵状披针形，两面无毛。穗状花序基生，通常圆柱形；苞片三角形，麦秆黄色；唇瓣白色，顶端和中脉黄色，两侧具红色条纹。蒴果近球形，白色或淡黄色，钝三棱状。

习性：生于林下潮湿处，喜肥沃、疏松、土层深厚的土壤。适宜温暖、潮湿和半荫蔽的环境，不耐寒，生长适温为 22~32℃。种子和分株繁殖。

分布：原产于泰国、柬埔寨。

观赏价值及应用：可作林下地被植物。果实药用，作芳香健胃剂，味辛凉，有行气、暖胃、消食、镇呕、解酒毒等功效。种子可提取芳香油，含油率为 3%~6%。

春砂仁

Amomum villosum Loureiro

别名：砂仁、长泰砂仁

形态特征：散生草本，高 1.5~2.5 m。根状茎延长，匍匐于地面上，具棕色鳞片状鞘覆盖，节上生根；叶片披针形，两面无毛。总状花序基生，椭圆形；唇瓣圆匙形，兜状，白色，被紫红色斑点。蒴果鲜时红色至紫红色，球形，干后椭圆形，具柔刺。

习性：生于海拔 100~600 m 的疏林荫湿处。适宜温暖、潮湿和半荫蔽的环境，生长适温为 18~32℃。种子和分株繁殖。

分布：中国广东、广西、海南、福建、云南；柬埔寨、印度、老挝、缅甸、泰国、越南。

观赏价值及应用：散生植物，繁殖极快，是林下、坡地绿化的优良植物。果实药用，具有温脾止泻、化湿开胃、理气安胎功效，用于湿浊中阻、脘痞不饥、脾胃虚寒、呕吐泄泻、妊娠恶阻、胎动不安；果实可作调料，可增香去腥，开胃消食，还可调制砂仁糖、春砂仁酒等。

缩砂仁

Amomum villosum Loureiro var. *xanthioides* (Wallich ex Baker) T. L. Wu & S. J. Chen

别名：绿壳砂仁

形态特征：与原种主要区别在于蒴果绿色，果皮上的柔刺较扁。

分布：中国云南南部；柬埔寨、印度、老挝、缅甸、泰国、越南有分布。

观赏价值及应用：与原种相同。

云南砂仁

Amomum yunnanense S. Q. Tong

形态特征：多年生草本，高 0.8~1.5 m。叶鞘绿色，具纵向条纹，无毛。叶片倒卵状披针形或椭圆状披针形，两面光滑无毛。总状花序基生，卵形或倒卵形；苞片淡红色；无侧生退化雄蕊；唇瓣压扁卵形，长 1.4~1.9 cm，先端凸起，基部狭缩成柄。蒴果球形，红色，具分枝柔刺。

习性：生于海拔约 1 200 m 的山谷林下潮湿的地方，喜肥沃、疏松、土层深厚的土壤。生长适温为 20~30℃。种子和分株繁殖。

分布：中国云南（盈江）。

观赏价值及应用：适宜作林下、坡地绿化的地被植物。

凹唇姜属 *Boesenbergia* Kuntze

多年生草本。根茎块状或延长，根通常膨大。叶基生或茎生。花序顶生或基生；苞片 2 列排列，每苞片有 1 花；侧生退化雄蕊花瓣状，通常宽于花冠裂片；唇瓣倒卵形或宽椭圆形，大于花冠裂片与侧生退化雄蕊。蒴果长圆形，3 瓣开裂。

约 50 种。分布于热带亚洲，分布中心在中南半岛及加里曼丹；中国产 3 种，其中 1 种为特有。

白斑凹唇姜

Boesenbergia albomaculata S. Q. Tong

形态特征：多年生常绿草本，高 20~38 cm。叶鞘浅绿色到深绿色，叶 1~3 枚；叶片卵形至长圆形，背面浅紫红色至深紫红色。穗状花序顶生，花冠红色或粉红色；唇瓣袋形，基部具 2 个白色斑块。蒴果黄绿色或绿色，椭圆形，具不明显的浅棱。

习性：生于海拔约 800 m 的密林中潮湿处。适宜温暖、潮湿和半荫蔽的环境，生长适温为 20~32℃。种子和分株繁殖。

分布：中国云南（盈江）。

观赏价值及应用：植株清秀，叶背紫红色，花色艳丽奇特，可用作林下绿化的地被植物，也可作小型盆栽于室内观赏。

心叶凹唇姜

Boesenbergia maxwellii Mood, L. M. Prince & Triboun

形态特征：多年生落叶草本，高 40~65 cm。根茎粗壮，球形至长圆形，外面黄色，内面淡紫色；叶鞘绿色；叶片卵形或长圆形，背面绿色或幼时紫红色，基部心形。穗状花序基生；苞片紫红色、淡绿色或红绿色；唇瓣基部与侧生退化雄蕊合生成漏斗状，中间部分深红色，基部两侧白色至乳白色，中部至顶端粉红色。蒴果圆柱状，白色。

本种曾被误定为 *Boesenbergia longiflora* (Wallich) Kuntze，但后者根状茎内面淡黄色至白色；唇瓣较小，长 2.2~2.5 cm，直径 2~2.2 cm，黄色，中脉至顶端红色（Mood et al.，2013；吴德邻，2016）。

习性：生于海拔 700~1 900 m 的山地林中阴湿处。适宜温暖、潮湿和半荫蔽的环境，生长适温为 20~32℃，秋末冬初进入休眠期，地上部分枯萎。种子和分株繁殖。

分布：中国云南中部和南部；印度、老挝、缅甸、泰国有分布。

观赏价值及应用：植株清秀，叶背紫红色，花色艳丽，形态奇特，栽于庭院石山点缀或用作林下绿化的地被植物，也可作小型盆栽于室内观赏。

凹唇姜

Boesenbergia rotunda (Linnaeus) Mansfield

形态特征：多年生落叶草本，高 30~50 cm。根状茎深黄色，主根粗壮，须根少。叶片卵形，长圆形或长椭圆形，背面黄绿色至绿色。穗状花序顶生，花冠粉红色，侧生退化雄蕊粉红色；唇瓣宽长圆形内凹呈瓢状，基部白色，中部深红色间有白色斑，顶端淡紫红色。

习性：生于海拔 800~1 000 m 的密林中潮湿处。适宜温暖、潮湿和半荫蔽的环境，生长适温为 20~32℃，秋末冬初进入休眠期，地上部分枯萎。分株繁殖。

分布：中国云南南部；印度、印度尼西亚、马来西亚、斯里兰卡有分布。

162

观赏价值及应用：植株清秀，花色艳丽，栽于庭院石山点缀或用作林下绿化的地被植物，也可作小型盆栽于室内观赏。根状茎药用，治疗肠胃气胀及腹泻；根状茎亦可作调料。

老挝凹唇姜（新拟）

Boesenbergia thorelii (Gagnepain) Loesener

形态特征：多年生常绿草本，高 30~50 cm。假茎绿色，叶茎生，叶片狭椭圆形，绿色。穗状花序顶生，花冠白色，侧生退化雄蕊白色；唇瓣内凹呈瓢状，基部白色，中部至顶端红色；花药白色被白色短腺毛。

习性：生于密林中潮湿处。适宜温暖、潮湿和半荫蔽的环境，生长适温为 20~30℃。分株繁殖。

分布：原产于老挝。

观赏价值及应用：植株清秀，花色艳丽，栽于庭院点缀，也可作小型盆栽于室内观赏。

短唇姜属 *Burbidgea* J. D. Hooker

总状花序顶生；苞片通常无；花萼具明显或不明显的 2 裂；花冠管长；无侧生退化雄蕊；唇瓣基部形成管状，狭窄，直立，2 裂片花瓣状。蒴果长角状。

约 6 种。产于马来半岛和加里曼丹。

短唇姜（新拟）

Burbidgea schizocheila Hackett

形态特征：多年生草本，高 20~40 cm。叶鞘、叶柄暗红色；叶片椭圆形，长 6~11 cm。总状花序顶生；花橙黄色。蒴果长角状，黄绿色，被短柔毛。

习性：生于山谷林中潮湿处。适宜温暖、潮湿和半荫蔽的环境，生长适温为 20~32℃。种子和分株繁殖。

分布：原产于马来西亚。

观赏价值及应用：花色艳丽，果实形如豆角，栽于庭院供观赏，也可用作小型盆栽于室内观赏点缀。

狭花短唇姜（新拟）

Burbidgea stenantha Ridley

形态特征： 多年生草本，高 50~80 cm。叶鞘、叶柄绿色；叶片披针形至椭圆形。总状花序顶生；花黄色；无侧生退化雄蕊；唇瓣基部狭管状，直立，橙黄色或肉红色，顶端 2 裂，裂片呈花瓣状。蒴果长角状，长 3~6.5 cm，黄绿色，被短柔毛。

习性： 生于山谷林中潮湿处。适宜温暖、潮湿和半荫蔽的环境，生长适温为 20~32℃。种子和分株繁殖。

分布： 原产于马来西亚。

观赏价值及应用： 花色艳丽，果实形如豆角，栽于庭院供观赏，也可用作小型盆栽于室内观赏点缀。

距药姜属 *Cautleya* (Royle ex Bentham) J. D. Hooker

多年生丛生草本；根茎极短；根肉质，粗厚。穗状花序顶生，每 1 苞片有 1 花；花黄色或橙色；侧生退化雄蕊直立，花瓣状。唇瓣反折，先端微缺到 2 裂。蒴果球状，3 瓣开裂至基部，果瓣卷曲，露出种子团。

约 5 种。分布于不丹、印度（锡金）、克什米尔、缅甸、尼泊尔、泰国、越南；中国产 3 种。

距药姜

Cautleya gracilis (Smith) Dandy

形态特征：多年生草本，高 20~70 cm。叶片长圆状披针形，背面紫红色或绿色。穗状花序顶生；苞片通常绿色，或稍带淡红色，短于花萼；花黄色。蒴果红色，球状，开裂成 3 瓣，果瓣卷曲，露出黑色种子团。

习性：生于海拔 950~3 100 m 的林下潮湿处的石上，或附生于树上。适宜凉爽、潮湿的环境，生长适温为 18~28℃。种子和分株繁殖。

分布：中国云南、四川、西藏；印度北部、尼泊尔有分布。

观赏价值及应用：花黄色，叶片清秀，适宜盆栽供观赏，也可用于庭院的假山上供观赏，或人工附于树干或树权上点缀。

红苞距药姜

Cautleya spicata (Smith) Baker

形态特征：多年生草本，高 30~60 cm。叶片长圆状披针形到线形。穗状花序顶生；苞片鲜红色，长于花萼；花黄色。蒴果红色，球状。

习性：生于海拔 1 200~2 600 m 的林下潮湿处的石上，或附生于树上。适宜凉爽、潮湿的环境，生长适温为 18~28℃。种子和分株繁殖。

分布：中国云南、四川、西藏、贵州；不丹、印度、尼泊尔有分布。

观赏价值及应用：苞片红色、花黄色，叶片清秀，适宜盆栽供观赏，也可用于庭院的假山上供观赏，或人工附于树干或树杈上点缀。

角山奈属 *Cornukaempferia* Mood & K. Larsen

多年生草本，假茎极短。叶 2~4 枚。花序顶生，向上伸长；苞片螺旋状排列，每苞片有 1 花。侧生退化雄蕊离生；唇瓣宽阔，全缘；雄蕊具短花丝，花药连合形成了一个长而窄且弯曲的附属体。上位腺体 2 枚；子房 3 室。

仅 3 种。全部产于泰国。

橙花角山奈

Cornukaempferia aurantiiflora Mood & K. Larsen

别名：美叶姜

形态特征：多年生矮小草本，高 5~10 cm。根状茎白色，中部黄色。叶鞘淡紫红色；叶 2~3 片，贴近地面，长圆形或卵形，正面青绿色如绸缎状光滑，有银色彩斑，背面暗紫红色。穗状花序顶生，花 6~10 朵；苞片粉红色，每苞片有 1 花；花冠深红色，基部橙黄色；侧生退化雄蕊橙色，倒披针形；唇瓣橙色，基部至中部具紫红色条纹。

习性：生于林下潮湿处。适宜温暖、潮湿和半荫蔽的环境，生长适温为 20~32℃，秋末冬初进入休眠期，地上部分枯萎。分株繁殖。

分布：原产于泰国北部。

观赏价值及应用：花色鲜艳，叶片色彩迷人，极具观赏性，是高档的观叶植物，可用于林下花坛和小型盆栽供观赏，也可栽于庭院的假山上供观赏，或附生于树干上点缀。根状茎药用，泰国东北部原住民用于治疗痔疮、喉炎。

姜黄属 *Curcuma* Linnaeus

根状茎肉质，具分枝；根尖通常具膨大的块根。叶通常基生。穗状花序基生或顶生，通常先花后叶，与叶同出（基生）或先出叶后开花（顶生）；苞片基部合生形成呈囊状；侧生退化雄蕊瓣状；唇瓣圆形或倒卵形，基部与侧生退化雄蕊相连；花药通常基部具距，无药隔附属物。蒴果椭圆形，3 瓣开裂。

约 50 种。主产于东南亚，澳大利亚有 1 种；中国产 14 种。

铜绿莪术

Curcuma aeruginosa Roxburgh

形态特征：多年生草本，高 0.6~1.2 m。根状茎粗壮，块茎椭圆形，内面铜绿色。叶片长椭圆形，两面被毛，沿中脉具沿中部有微红栗色带。穗状花序顶生；能育苞片绿色；不育苞片玫瑰色，基部白色或肉色；花冠上面肉红色；侧生退化雄蕊，深黄色；唇瓣反折，深黄色。

习性：生于灌丛荒地或路旁。适宜温暖、潮湿的环境，生长适温为 20~32℃，秋末冬初进入休眠期，地上部分枯萎。分株繁殖。

分布：原产于印度、缅甸；中国广东（广州）有引种栽培。

观赏价值及应用：花序和叶均具有观赏价值，可用于庭院点缀，也可盆栽供观赏。

姜荷花

Curcuma alismatifolia Gagnepain

形态特征：多年生草本，高 0.4~0.8 m。叶片长圆状披针形，无毛，中脉两侧具紫色带。穗状花序顶生，花序梗长 25~45 cm；能育苞片绿色，近圆形；不育苞片披针形，玫瑰色或紫罗兰色；花紫罗兰色或白色。

习性：生于灌丛荒地或路旁。适宜温暖、潮湿的环境，生长适温为 20~32℃。组织培养和分株繁殖。

分布：原产于泰国、越南、柬埔寨、老挝。

观赏价值及应用：花色高雅，极具观赏性，是高档的切花植物，也可用于林下花坛和盆栽供观赏。

171

味极苦姜黄

Curcuma amarissima Roscoe

形态特征：多年生草本，高 0.8~1.2 m。根状茎黄色，味极苦；块根内面淡黄色。叶鞘深紫红色；叶柄深紫红色；叶背面主脉深紫红色；叶片长圆形或长椭圆形，两面均无毛。穗状花序基生；花冠淡紫红色；侧生退化雄蕊淡黄色，耳状；唇瓣黄色。

习性：生于海拔 800~1 000 m 的疏林中或路旁。适宜温暖、潮湿的环境，生长适温为 20~32℃，秋末冬初进入休眠期，地上部分枯萎。分株繁殖。

分布：中国云南（勐腊）；孟加拉国有分布。

观赏价值及应用：花序和叶均具有观赏价值，可用于庭院点缀，也可盆栽供观赏。

郁金
Curcuma aromatica Salisbury

形态特征：多年生草本，高 0.6~1 m。根状茎肉质，内面黄色，椭圆形，芳香；根尖具纺锤形膨大的块根，内面白色。叶鞘淡绿色；叶片长圆形，正面无毛，背面密被短柔毛。穗状花序基生，通常在叶之前出现或与叶同出；能育苞片苍绿色；不育苞片淡粉红色，具白色条斑。

姜科

习性：生于疏林下或栽培于村旁。适宜温暖、潮湿的环境，生长适温为 20~32℃，秋末冬初进入休眠期，地上部分枯萎。分株繁殖。

分布：中国广东、广西、海南、贵州、福建、四川、西藏、云南、浙江；不丹、印度、缅甸、尼泊尔、斯里兰卡有分布。

观赏价值及应用：花、叶均具有观赏价值，可用于庭院点缀。根状茎及块根药用，有行气破血、消积止痛、清心解郁、利胆退黄等功效，药理试验表明有保肝利胆、兴奋肠平滑肌、抗肿瘤、抗氧化等作用。根状茎可提取芳香油和黄色食用染料；所含姜黄素可作化学分析试剂。

大莪术

Curcuma elata Roxburgh

形态特征：多年生草本，高 1.3~1.8 m。根状茎内面淡黄色，块根内面白色。叶鞘淡红褐色；叶片中脉及两侧具浅紫色带或老时渐变无，长椭圆形，叶面无毛，背面密被短柔毛。穗状花序基生；能育苞片浅绿色；不育苞片紫红色，被毛；花黄色。

习性：野生疏林下或栽培于村旁。适宜温暖、潮湿的环境，生长适温为 20~32℃，秋末冬初进入休眠期，地上部分枯萎。分株繁殖。

分布：中国云南；缅甸、泰国、越南有分布。

观赏价值及应用：花序苞片色彩绚丽，观赏价值极高，为高档切花材料，亦可用于庭院点缀或盆栽供观赏。

黄花姜黄

Curcuma flaviflora S. Q. Tong

形态特征：多年生草本，高 30~40 cm。叶片椭圆形，叶面无毛，背面密被细的短柔毛。穗状花序基生，卵形或卵圆形；苞片淡紫红色或淡绿色，无不育苞片和小苞片；花黄色；侧生退化雄蕊椭圆形；唇瓣倒卵形，先端 2 裂，基部具 2 条红色纵条纹。种子浅棕色。

习性：生于海拔 1 200~1 400 m 的林下阴湿处。适宜凉爽、潮湿的环境，生长适温为 20~30℃，秋末冬初进入休眠期，地上部分枯萎。种子和分株繁殖。

分布：中国云南（勐海）；东南亚也有分布。

观赏价值及应用：适宜盆栽观赏或庭院点缀。

广西莪术

Curcuma kwangsiensis S. G. Lee & C. F. Lian

形态特征：多年生草本，高 30~70 cm。主根状茎发达，侧根茎较细，内面白色、灰白色或淡奶黄色，卵形；块根内面白色。叶鞘通常红褐色；叶片椭圆状披针形，两面密被短柔毛。穗状花序基生（夏季）或顶生（秋季）；能育苞片绿色或黄绿色；不育苞片浅红色。蒴果开裂；种子黑色。

习性：生于灌草丛或荒草坡。适宜温暖、潮湿的环境，生长适温为 20~32℃，秋末冬初进入休眠期，地上部分枯萎。种子和分株繁殖。

176

分布：中国广东、广西、四川、云南。

观赏价值及应用：本种通常 1 年可开 2 次花，分别夏季（基生）和秋季（顶生），花序苞片色彩绚丽，可栽于庭院点缀或盆栽供观赏。根状茎及块根药用；根状茎治胸胁胀痛、黄疸、痛经、癫症；块根治腹部肿块、血瘀闭经、跌打损伤。

姜黄

Curcuma longa Linnaeus

形态特征： 多年生草本，高 0.7~1 m。根状茎内面橙黄色或深黄色，具浓郁的芳香气味。叶片绿色，长圆形或椭圆形。穗状花序顶生，圆柱状；能育苞片苍绿色；不育苞片白色，顶端淡绿色或有时淡紫红色。

习性： 生于灌草丛或荒草坡、适宜向阳。温暖、潮湿的环境，生长适温为 20~32℃，秋末冬初进入休眠期，地上部分枯萎。分株繁殖。

分布： 起源及原产地不明，栽培于中国广东、广西、福建、云南、四川、西藏、台湾；亚洲热带地区广泛栽培。

观赏价值及应用： 花序苞片色彩绚丽，可栽于庭院点缀供观赏。根状茎为中药"姜黄"的原材料，供药用，能行气破瘀、通经止痛；主治胸腹胀痛、肩臂痹痛、月经不调、闭经、跌打损伤。根状茎含姜黄素，可作分析化学试剂，对癌细胞和肿瘤有抑制作用。根状茎也可作香料使用，还可提取芳香油和黄色食用染料。

南昆山莪术

Curcuma nankunshanensis N. Liu, X. B. Ye & J. Chen

形态特征：多年生草本，高 70~110 cm。根状茎粗壮，内面白色或奶白色。叶鞘紫红褐色；叶片披针形或阔披针形，幼叶初期叶面中脉有淡紫红色条纹，成熟后消失，叶面无毛，背面被短柔毛。穗状花序基生（春季）或顶生（秋季）；能育苞片绿色；不育苞片长圆形浅红色；花黄色。蒴果近球形，白色至淡绿色，3 瓣开裂；种子淡黄褐色至褐色。

习性：生于海拔 500 m 疏林下。适宜温暖、潮湿的环境，生长适温为 20~32℃，秋末冬初进入休眠期，地上部分枯萎。种子和分株繁殖。

分布：中国广东（南昆山）。

观赏价值及应用：本种通常 1 年可开 2 次花，分别夏季（基生）和秋季（顶生），花序苞片色彩绚丽，可栽于庭院点缀供观赏，也可作切花材料。

长序郁金

Curcuma petiolata Roxburgh

别名：女皇郁金

形态特征：多年生草本，高 0.6~1.5 m。根状茎内面淡黄白色。叶片长圆形或椭圆形，两面无毛。穗状花序顶生，具明显的花序柄；能育苞片内面充满芳香的黏液，边缘紫红色；不育苞片淡紫红色或粉红色；花淡黄色。

习性：生于疏林路旁或溪旁向阳处。适宜温暖、潮湿的环境，生长适温为 20~32℃，秋末冬初进入休眠期，地上部分枯萎。分株繁殖。

分布：原产于缅甸、泰国和马来西亚。中国南方地区有栽培。

观赏价值及应用：本种花序是本属已知物种中最长的，苞片色彩绚丽，观赏价值极高，为高档切花材料，亦可用于庭院点缀或盆栽供观赏。

莪术

Curcuma phaeocaulis Valeton

别名：蓝心姜、黑心姜、绿姜

形态特征：多年生草本，高 0.7~1 m。根状茎内面浅蓝色、蓝紫色、铜绿色、黄绿色或淡黄色。叶鞘深红褐色；叶片长圆状披针形，中脉及两侧具永存的紫色带，正面无毛，背面被稀疏的短柔毛。穗状花序基生；能育苞片白色至绿色，顶端粉红色；不育苞片顶端深红色；花淡黄色。

习性：喜生于向阳的地方。适宜温暖、潮湿的环境，生长适温为 20~32℃，秋末冬初进入休眠期，地上部分枯萎。分株繁殖。

分布：中国云南；印度尼西亚、越南有分布。

观赏价值及应用：花序苞片色彩绚丽，可用于庭院、花坛点缀供观赏。根状茎药用，可破瘀行气，消积止痛，用于气血凝滞或食积脘腹胀痛、血瘀经闭、跌打损伤、早期宫颈癌。块根（绿丝郁金）的功效等同郁金（中国药材公司，1994）。

紫纹莪术

Curcuma rhabdota Sirirugsa & M. F. Newman

形态特征：多年生草本，高 0.4~0.6 m。叶鞘、叶片绿色。穗状花序顶生，直立，具长柄；苞片具紫红色和白色相间的条纹；花紫堇色，侧生退化雄蕊边缘具红色条纹。

习性：适宜温暖、潮湿的环境，生长适温为 22~32℃，秋末冬初进入休眠期，地上部分枯萎。分株繁殖。

分布：原产于柬埔寨、老挝、泰国；东南亚常有栽培，中国南方地区有引种栽培。

观赏价值及应用：苞片色彩美丽，十分迷人，适宜盆栽于客厅、阳台点缀供观赏，也可用于花坛、庭院及假山点缀。

橙苞郁金

Curcuma roscoeana Wallich

形态特征：多年生草本，高 0.6~1 m。叶片长圆形或狭卵形。穗状花序顶生，直立；苞片橙红色，无不育苞片；花橙黄色。

习性：适宜温暖、潮湿的环境，生长适温为 20~32℃，秋末冬初进入休眠期，地上部分枯萎。分株繁殖。

分布：原产于缅甸；东南亚常有栽培，中国南方地区有引种栽培。

观赏价值及应用：苞片色彩绚丽，十分迷人，可用于庭院、花坛及假山布景，适宜盆栽于客厅、阳台点缀供观赏。

红柄郁金

Curcuma rubescens Roxburgh

形态特征：多年生草本，高 0.6~1 m。叶鞘、叶柄及中脉紫红色；叶片长圆形或狭卵形，正面具紫红色带。穗状花序顶生，直立；不育苞片紫红色或粉红色；花黄色。

习性：适宜温暖、潮湿的环境，生长适温为 20~32℃，秋末冬初进入休眠期，地上部分枯萎。分株繁殖。

分布：原产于印度、缅甸，东南亚常有栽培；中国南方地区有引种栽培。

观赏价值及应用：叶鞘、叶柄及苞片色彩绚丽，十分迷人，可用于草坪、花坛、庭院及假山布景，适宜盆栽于客厅、阳台点缀供观赏。

红苞姜黄

Curcuma rubrobracteata Škorničková, M. Sabu & Prasanthkumar

形态特征：散生草本，高 50~90 cm。主根状茎直立，卵形或球形，内面淡黄白色，有浓郁的味道；侧根状茎匍匐，细长，呈"竹鞭"状，由许多关节组成，每 1 节间长 1~3 cm；叶片椭圆形。穗状花序自假茎高于地面 3~15 cm 处穿鞘而出，近球形；苞片深红色，全可育；花橙黄色。

习性：生于海拔 300~1 000 m 的山坡灌丛或路旁向阳处。适宜温暖、潮湿的环境，生长适温为 20~32℃，秋末冬初进入休眠期，地上部分枯萎。分株繁殖。

分布：中国云南（勐海）；印度、缅甸、泰国有分布。

观赏价值及应用：花序在基部穿鞘而出，苞片鲜红色，可植于庭院或盆栽供观赏。

川郁金

Curcuma sichuanensis X. X. Chen

形态特征：多年生草本，高 0.7~1.2 m。根状茎内面白色或淡黄色，芳香。叶片椭圆形或长椭圆形，无毛。穗状花序顶生，能育苞片绿色，不育苞片淡粉红色；花黄色。蒴果近球形。

习性：生于海拔 600~900 m 的山坡灌丛或路旁向阳处。适宜温暖、潮湿的环境，生长适温为 20~32℃，秋末冬初进入休眠期，地上部分枯萎。种子和分株繁殖。

分布：中国四川、云南。

观赏价值及应用：花序苞片色彩绚丽，可用于庭院点缀或盆栽供观赏。根状茎药用。

拟姜荷花（新拟）

Curcuma sparganiifolia Gagnepain

形态特征：多年生草本，高 0.25~0.5 m。叶片长椭圆形，正面中脉紫红色、背面绿色。穗状花序顶生，花序梗长 15~30 cm，能育苞片、不育苞片粉紫色。

习性：生于灌丛荒地或路旁。适宜温暖、潮湿的环境，生长适温为 20~32℃，秋末冬初进入休眠期，地上部分枯萎。组织培养和分株繁殖。

分布：原产于柬埔寨、老挝、泰国。

观赏价值及应用：植株矮小，叶片及花序苞片色彩优雅，适宜盆栽供观赏。

温郁金

Curcuma wenyujin Y. H. Chen & C. Ling

形态特征：多年生草本，高 0.4~1.6 m。根状茎内面淡黄色，外面带白色，卵球形。叶片长圆形或卵状长圆形，无毛。穗状花序基生，能育苞片绿色至黄绿色，不育苞片淡红色或粉色；花淡黄色。

习性：生于灌草丛中或路旁向阳处。适宜温暖、潮湿的环境，生长适温为 20~32℃，秋末冬初进入休眠期，地上部分枯萎。分株繁殖。

分布：中国浙江（温州）、华南地区常有栽培。

观赏价值及应用：可用于庭院点缀或盆栽供观赏。根状茎药用，具有活血止痛、行气解郁、凉血、利胆退黄的功效，用于气滞血瘀痛证、癫痫痰闭、肝胆湿热黄疸、吐血、倒经、尿血、血淋等，药理实验证明具有抗肿瘤、保肝、抗辐射、抗抑郁等作用（方露敏等，2008）。

顶花莪术

Curcuma yunnanensis N. Liu & S. J. Chen

形态特征：多年生草本，高 0.6~1.5 m。根状茎内面黄色或淡蓝色。叶鞘锈红色或紫红色；叶片长圆形或宽披针形，在中脉两侧具宽约 2 cm 的紫色带。穗状花序顶生；能育苞片绿色，边缘浅紫红色；不育苞片顶部紫红色；花黄色。

习性：生于灌草丛中或路旁向阳处。适宜温暖、潮湿的环境，生长适温为 20~32℃，秋末冬初进入休眠期，地上部分枯萎。分株繁殖。

分布：中国云南。

观赏价值及应用：花序苞片色彩艳丽，可用于庭院点缀或园林绿化。

印尼莪术

Curcuma zanthorrhiza Roxburgh

形态特征：多年生草本，高 0.9~1.6 m。主根状茎粗壮，内面橙黄色或橙红色；块根内面橙黄色。叶片中脉及两侧具紫色带。穗状花序基生，圆柱状，长 15~22 cm；能育苞片淡绿色，边缘具粉红色或淡紫红色；不育苞片粉红色至深粉红色；花黄色。

习性：生于海拔 600~800 m 的河岸边、林缘和路旁。适宜温暖、潮湿的环境，生长适温为 20~32℃，秋末冬初进入休眠期，地上部分枯萎。分株繁殖。

分布：中国云南；印度尼西亚、马来西亚、泰国有分布。

观赏价值及应用：花序苞片色彩艳丽，可用于庭院点缀或园林绿化。根状茎、块根药用，具有降低血脂、减肥等功效，也能防治肝病、盆腔炎和风湿病等，药理试验表明有抗炎、抗氧化、调节免疫、抗菌、护肝肾等作用。花、嫩茎可以生吃或煮熟食用。根状茎淀粉丰富，孕妇食用后能促奶；其淀粉易消化吸收，适合婴儿与老年人食用；切成片状晒干后泡水，加入糖可作为美味的饮料（曾宋君等，2003）。

二列苞姜属（新拟）*Distichochlamys* M. F. Newman

多年生矮小草本，假茎极短。花序顶生；苞片 2 列排列；小苞片管状，具 2 条龙骨状突起；侧生退化雄蕊椭圆形，花瓣状；唇瓣比侧生退化雄蕊略长，平展，倒三角形，顶端 2 浅裂。

仅 4 种。产于越南。

红纹二列苞姜

Distichochlamys rubrostriata W. J. Kress & Rehse

形态特征：矮小草本，高 20~30 cm。根状茎内面白色至紫色。基部叶鞘深紫红色；叶片宽椭圆形，基部近圆形至近平截。花序顶生，直立；苞片紫红色，2 列排列；侧生退化雄蕊柠檬黄色，倒卵形，密被腺毛，具有暗红色线纹；唇瓣柠檬黄色，倒卵形，顶端 2 裂。

习性：生于石灰岩山地的热带常绿阔叶林中。适宜温暖、潮湿及半荫蔽的环境，生长适温为 20~30℃，不耐干旱，不耐寒，极怕霜冻。分株繁殖。

分布：原产于越南北部。

观赏价值及应用：叶片、花及苞片色彩艳丽，十分迷人，可用于庭院、花坛及假山布景，适宜盆栽于客厅、阳台点缀供观赏。

小豆蔻属 *Elettaria* Maton

多年生草本，根状茎发达。花序基生，伸长，具分枝，通常匍匐；小苞片管状；花白色，黄色或橙色；花冠管长为裂片的两倍；侧面退化雄蕊小，不明显或无。蒴果球状或椭圆形，不开裂。

约7种。主要分布于东南亚。

小豆蔻

Elettaria cardamomum (Linnaeus) Maton

形态特征：多年生草本，高2~3 m。叶片披针状。圆锥花序基生，直立或匍匐；花序轴绿色，显著伸长，花排列稀疏；花冠淡绿色或白色；唇瓣白色，中部具红色条纹。果实卵状长圆形，果皮不开裂。

习性：生于潮湿的森林中。适宜温暖、潮湿及半荫蔽的环境，生长适温为22~32℃，不耐干旱，不耐寒，极怕霜冻。种子和分株繁殖。

分布：原产于印度南部，现印度、斯里兰卡和危地马拉大量栽培。

观赏价值及应用：花色艳丽，十分迷人，可用于庭院及林下作地被植物。果实药用，具有抗肿瘤、抗炎、镇痛、抗菌、抗氧化及保护肠道等功效。果实是世界上著名的香料之一，主要作食用香料，是咖喱的主要原料，为原产地传统药用植物。

拟豆蔻属 *Elettariopsis* Baker

多年生草本，假茎较短，通常高不及1 m。根状茎细长，匍匐，节间生假茎。叶片卵形、披针形、椭圆形或长圆形。花序基生，花疏松，或紧密呈头状；花序轴平卧或直立；每苞片有1~2花；小苞片非管状；花冠管细长，长于花萼。蒴果球状，无毛。

约12种。分布于印度尼西亚、老挝、马来西亚、泰国、越南；中国产1种。

单叶拟豆蔻

Elettariopsis monophylla (Gagnepain) Loesener

形态特征： 多年生草本，高0.3~0.5 m。叶片通常1枚，稀2枚，长圆形或卵形，两面光滑无毛。头状花序基生，长约3 cm，有花3~5朵；唇瓣圆形，白色，中部黄色，基部具短瓣柄，先端全缘。

习性： 生于海拔20~200 m的林中阴湿处。适宜温暖、潮湿及半荫蔽的环境，生长适温为20~32℃。种子和分株繁殖。

分布： 中国海南；老挝、泰国、越南有分布。

观赏价值及应用： 植株矮小，是优良的地被植物，可用于林下和坡地绿化，也可作小型盆栽于室内观赏。

茴香砂仁属 *Etlingera* Giseke

多年生草本，高可达 8 m。花序基生，穗状或头状，基部具总苞片；花序梗伸出地面以上的较长或藏于地下的较短；无侧生退化雄蕊；唇瓣舌状，通常 3 浅裂，远长于花冠裂片，基部与花丝贴生形成一个明显管部；中央裂片有鲜艳色彩；基部侧裂片常与雄蕊折叠成"管状"。蒴果不开裂，肉质，平滑、纵棱或具疣突起。

约 70 种。分布于印度、印度尼西亚、马来西亚、泰国、澳大利亚北部；中国产 2 种。

玫瑰姜

Etlingera elatior (Jack) R. M. Smith

别名：瓷玫瑰、火炬姜、菲律宾蜡姜花

形态特征：丛生草本，高 2~5 m。基部的叶鞘紫红色，上部具叶的黄绿色；叶片披针形或长圆状披针形。穗状花序基生，呈头状；花序梗粗壮，长 0.5~1.2 m；总苞片红色；苞片粉色或红色；唇瓣匙形，深红色，边缘黄色。蒴果淡红色，倒卵形。

习性：生于低海拔热带雨林中。适宜温暖、潮湿及半荫蔽的环境，生长适温为 20~32℃，不耐干旱，不耐寒，怕霜冻。种子和分株繁殖。

分布：原产于印度尼西亚、马来西亚、泰国。

观赏价值及应用：株形挺拔，可栽培于庭院或路旁造景。苞片瓷质或蜡质，花色艳丽，花形优美，花期长可达 2 个月，花序如一朵熊熊燃烧的红莲花，是高档的热带花卉，可作切花，瓶插时间可达 30 天。

红苗砂

Etlingera littoralis (Koeig) Giseke

形态特征： 散生草本，高 1.5~3 m。叶鞘黄绿色；叶片黄绿色，长圆状披针形或长圆形，厚革质。头状花序基生，花序梗完全藏于地下；花红色；侧生退化雄蕊，唇瓣鲜红色，花药红色。蒴果近球形，被短柔毛。

习性： 生于海拔 200~300 m 林中或溪旁潮湿处。适宜温暖、潮湿及半荫蔽的环境，生长适温为 20~32℃，不耐干旱，不耐寒，极怕霜冻。种子和分株繁殖。

分布： 中国海南；印度尼西亚、马来西亚、泰国有分布。

观赏价值及应用： 株形挺拔，可栽培于庭院造景。花色艳丽，花形优美，也可作林下、坡地绿化的地被植物。

紫茴砂

Etlingera pyramidosphaera (K. Schum.) R. M. Smith

形态特征：丛生状草本，高 2~3.5 m。叶片长圆状椭圆形，背面紫红色或淡紫红色。穗状花序基生；花序梗长 25~80 cm；可育苞片长圆状倒卵形，红色至粉红色；唇瓣近圆三角形，中部红色，边缘金黄色。蒴果半球形。

习性：生于海拔 50~900 m 潮湿的山谷林中或河岸边。适宜温暖、潮湿及半荫蔽的环境，生长适温为 22~32℃，不耐干旱，不耐寒，极怕霜冻。种子和分株繁殖。

分布：原产于婆罗洲。

观赏价值及应用：株形挺拔，叶背紫红色，花色艳丽，是优良的观花、观叶的植物，也可作切花及大型盆栽供观赏。

茴香砂仁

Etlingera yunnanensis (T. L. Wu & S. J. Chen) R. M. Smith

形态特征：散生草本，高 1.5~3 m。叶片披针形。头状花序基生，揉之有茴香味；花多数，通常 3~6 朵一轮齐开放，像一朵盛开的菊花。蒴果陀螺状，紫红色。

习性：生于海拔 600~700 m 的密林中潮湿处或林缘溪旁。适宜温暖、潮湿及半荫蔽的环境，生长适温为 20~30℃。种子和分株繁殖。

分布：中国云南（西双版纳）。

观赏价值及应用：花如菊花，极美丽，揉之有茴香味，故名茴香砂仁，是优良的观赏植物，可植于庭院、路旁或花坛中，也可作大型盆栽或用于庭院点缀供观赏。根状茎药用（傣药），有清火解毒、利尿、健胃、通气消胀的功效，主治小便热涩疼痛、胸胁胀闷、腹胀腹痛、恶心呕吐、不思饮食、腹泻、防暑等。

玉凤姜属 *Gagnepainia* K. Schumann

花的外形极像舞花姜属植物。先花后出叶；侧生退化雄蕊花瓣状，椭圆形至菱形；唇瓣 3 裂，中裂片短，线形或近狭楔形，基部呈囊状，有 2 个狭窄的螺旋扭转的假花瓣；子房 1 室。

约 3 种。产于泰国、柬埔寨、越南。

绿花玉凤姜

Gagnepainia godefroyi (Baillon) K. Schumann

形态特征：多年生草本，高 15~30 cm。叶片 2~3 枚。穗状花序比叶枝先出，绿色；苞片未见；花冠绿色，具腺毛；侧生退化雄蕊淡绿色；唇瓣稍短，3 裂，中裂片线形，顶端膨大微凹，基部有 2 个胼胝体；雄蕊淡黄绿色。蒴果绿色，卵形，被短绒毛。

习性：生于林下潮湿处。适宜温暖、潮湿及半荫蔽的环境，生长适温为 22~32℃，秋末冬初进入休眠期，地上部分枯萎。种子和分株繁殖。

分布：原产于柬埔寨。

观赏价值及应用：花形奇特，适宜小型盆栽供观赏。

玉凤姜

Gagnepainia thoreliana (Baillon) K. Schumann

形态特征：多年生草本，株高 20~35 cm。穗状花序比叶枝先出，黄绿色；苞片与小苞片相近；花冠淡黄白色；侧生退化雄蕊黄白色，被短腺毛；唇瓣深 3 裂；雄蕊黄白色。

习性：生于林下潮湿处。适宜温暖、潮湿及半荫蔽的环境，生长适温为 22~32℃，秋末冬初进入休眠期，地上部分枯萎。种子和分株繁殖。

分布：原产于越南、泰国。

观赏价值及应用：花形奇特，适宜小型盆栽供观赏。在原产地药用，用于伤口止血。

舞花姜属 *Globba* Linnaeus

多年生、纤细草本。叶片长圆形，椭圆形或披针形。花序顶生或基生，总状花序或聚伞圆锥花序；每苞片着生一蝎尾状聚伞花序；侧生退化雄蕊瓣状；唇瓣反折，位于侧生退化雄蕊和花冠裂片之上；花丝细长，弯曲；子房1室。蒴果椭圆形或球形，通常先端不规则开裂。

约100种。主产于亚洲热带，澳大利亚有1种；中国产5种。

紫丁香舞花姜（新拟）

Globba arracanensis Kurz

形态特征：多年生草本，高30~60 cm。叶片长圆状披针形，下面疏被柔毛。聚伞状圆锥花序顶生，直立；无珠芽；小苞片、花萼、花冠淡紫丁香色；花药淡紫丁香色，无翅状附属物。

习性：适宜温暖、潮湿及半荫蔽的环境，生长适温为20~30℃，秋末冬初进入休眠期，地上部分枯萎。种子和分株繁殖。

分布：原产于缅甸（若开邦）。

观赏价值及应用：花形奇特，花色艳丽，宜作花坛、花境地被栽植，也可用于假山、庭院和附生于树上点缀，是优良的小型盆栽及切花材料。

峨眉舞花姜

Globba emeiensis Z. Y. Zhu

形态特征：多年生草本，高 0.6~1.2 m。聚伞状圆锥花序顶生，直立；珠芽圆筒状，长 1~3.5 cm，具 3~5 节；花黄色；花萼钟状，紫色。蒴果椭圆形或卵形，表皮皱，具疣状突起；种子紫红色。

习性：生于海拔 500~1 200 m 的林下沟边、荒坡、路旁阴湿处。适宜凉爽、潮湿的环境，生长适温为 18~28℃。种子、珠芽及分株繁殖。

分布：中国四川、云南（勐海、盈江，新记录）。

观赏价值及应用：花形奇特，宜作花坛、花境及地被栽植，也可用于假山、庭院和附生于树上点缀。根状茎入药，可发汗解表、利湿、止痛、通经，治感冒、周身疼痛、四肢肿痛、小便不利等。

鞭状舞花姜（新拟）

Globba flagellaris K. Larsen

形态特征：多年生草本，高 30~45 cm。叶片正面暗绿色，背面淡绿色。蝎尾状聚伞花序顶生，无毛；不育苞片线形，通常衬托着珠芽狭纺锤形；可育苞片狭披针形片，多花，有时 8~12 花；花橙色。蒴果狭纺锤形，三棱状。

习性：生于海拔 400~800 m 的山谷溪流沿岸或森林边缘。适宜温暖、潮湿及半荫蔽的环境，生长适温为 20~30℃，秋末冬初进入休眠期，地上部分枯萎。种子、珠芽及分株繁殖。

分布：原产于泰国。

观赏价值及应用：植株矮小，适宜作林下地被植物，也可作小型盆栽供观赏。

白苞舞花姜（新拟）

Globba laeta K. Larsen

形态特征：多年生草本，高 30~50 cm。叶片阔披针形，无毛，顶端有尾尖长 3~4 cm。花序顶生，长达 10 cm，稠密，下弯；苞片白色；花黄色。

习性：生于海拔约 350 m 的山谷或森林边缘潮湿处。适宜温暖、潮湿及半荫蔽的环境，生长适温为 20~30℃。珠芽及分株繁殖。

分布：原产于泰国北部。

观赏价值及应用：植株矮小，适宜作林下地被植物，也可作小型盆栽供观赏。

澜沧舞花姜

Globba lancangensis Y. Y. Qian

形态特征：多年生草本，高 20~60 cm，全株密被腺毛。叶片两面被短柔毛。聚伞圆锥花序顶生，无珠芽，花黄色。蒴果球形或椭圆形，具棱，黄绿色。

习性：生于海拔 100~1 200 m 的林下潮湿处。适宜温暖、潮湿及半荫蔽的环境，生长适温为 20~30℃。种子和分株繁殖。

分布：中国云南西南部（澜沧、勐连）。

观赏价值及应用：花形奇特，宜花坛、花境栽植。

毛舞花姜

Globba marantina Linnaeus [*G. barthei* Gagnepain]

形态特征： 多年生草本，全株被毛，高 0.3~0.7 m。叶片长圆形或椭圆形，两面密被短柔毛。聚伞状圆锥花序顶生；不育苞片黄绿色，内有小珠芽；花橙黄色。

习性： 生于海拔 200~1 000 m 的密林中或林缘路旁。适宜温暖、潮湿及半荫蔽的环境，生长适温为 20~30℃，秋末冬初进入休眠期，地上部分枯萎。种子、珠芽及分株繁殖。

分布： 中国云南南部；越南、柬埔寨、老挝、菲律宾、泰国有分布。

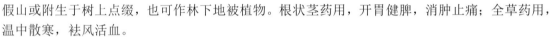

204

观赏价值及应用： 花形奇特，可用于假山或附生于树上点缀，也可作林下地被植物。根状茎药用，开胃健脾，消肿止痛；全草药用，温中散寒，祛风活血。

孟连舞花姜

Globba menglianensis Y. Y. Qian

形态特征：多年生草本，高 0.5~1.3 m。叶片披针形，两面脉上被毛。聚伞状圆锥花序顶生，直立长 25~50 cm；花萼管状，淡绿色或黄绿色；花黄色，带有橙色腺点。蒴果黄绿色，椭圆形或长圆形。

习性：生于低海拔至 1 500 m 的山谷林中潮湿处。适宜温暖、潮湿及半荫蔽的环境，生长适温为 20~30℃。种子、珠芽及分株繁殖。

分布：中国云南（勐连、澜沧、盈江至陇川）。

观赏价值及应用：花形奇特，适宜盆栽、庭院点缀。

橙果舞花姜（新拟）

Globba patens Miquel

形态特征：多年生草本，高 30~80 cm，有 3~5 叶。叶片椭圆形至卵形，深绿色，正面侧脉与横脉相连成明显的方格状纹，两面密被开展的粗毛。聚伞圆锥花序顶生，直立或平行；花序梗长 15~25 cm，密被粗毛；不育苞片被粗毛，内包珠芽，圆柱状（近似于竹笋状），具 3~7 节；能育苞片橙色，被粗毛；花橙色。蒴果近球形，具棱，橙色。

习性：生于低海拔至 1 200 m 的山地林中。适宜温暖、潮湿及半荫蔽的环境，生长适温为 22~32℃，不耐寒，极怕霜冻。种子、珠芽及分株繁殖。

分布：原产于缅甸、马来西亚、孟加拉国、越南、泰国、印度尼西亚。

观赏价值及应用：花形奇特，花色艳丽，宜用于假山、庭院点缀，是优良的小型盆栽材料。

舞花姜

Globba racemosa Smith

形态特征：多年生草本，高 0.5~0.9 m。叶片披针形或卵状长圆形。聚伞状圆锥花序顶生，直立；花黄色，带有橙色腺点。蒴果黄绿色，椭圆形或长圆形。

习性：生于低海拔至 1 200 m 的山地林中。适宜温暖、潮湿及半荫蔽的环境，生长适温为 20~30℃，秋末冬初进入休眠期，地上部分枯萎。种子、珠芽及分株繁殖。

分布：中国广东、广西、贵州、湖南、四川、西藏、云南；不丹、印度、缅甸、尼泊尔、泰国。

观赏价值及应用：花形奇特，适宜花坛、庭院点缀，也可作林下地被植物。根和果实在民间药用，有健胃、消炎的功效，用于治疗胃炎、消化不良、急慢性肾炎。

基序舞花姜（新拟）

Globba radicalis Roxburgh

形态特征： 多年生草本，高 28~45 cm。叶片线状披针形。聚伞状圆锥花序基生，长 10~15 cm；通常有 8~11 枚蝎尾状聚伞花序；苞片淡紫罗兰色或白色带淡绿色；小苞片、花萼淡紫罗兰色或白色；唇瓣橙黄色，侧生退化雄蕊、花丝淡紫罗兰色或白色。

习性： 生于山地林中潮湿处。适宜温暖、潮湿及半荫蔽的环境，生长适温为 20~30℃，秋末冬初进入休眠期，地上部分枯萎。种子和分株繁殖。

分布： 原产于印度、缅甸；中国广东（广州）有引种栽培。

观赏价值及应用： 花形奇特，花色美丽，适宜花坛栽植，也可用于庭院和附生于树上点缀，是优良的小型盆栽植物。

双翅舞花姜

Globba schomburgkii J. D. Hooker

形态特征：多年生草本，高 30~50 cm。叶片长圆状披针形，上面无毛，下面密被短柔毛。聚伞状圆锥花序顶生，下垂；花黄色。

习性：生于山地林中潮湿处。适宜温暖、潮湿及半荫蔽的环境，生长适温为 20~30℃，秋末冬初进入休眠期，地上部分枯萎。珠芽及分株繁殖。

分布：中国云南；缅甸、泰国、越南。

观赏价值及应用：植株矮小、花形奇特，适宜作林下地被植物。

无柄舞花姜（新拟）

Globba sessiliflora Sims

形态特征： 多年生草本，高 30~45 cm。叶鞘黄绿色，具紫色斑点；叶片长圆状披针形。聚伞状圆锥花序顶生，花序梗通常呈"之"弯曲；不育苞片线形，内有小珠芽；花黄色，无柄。蒴果有疣状凸起，宽约 7 mm。

习性： 生于山地林中潮湿处。适宜温暖、潮湿及半荫蔽的环境，生长适温为 20~30℃，秋末冬初进入休眠期，地上部分枯萎。珠芽及分株繁殖。

分布： 原产于缅甸；泰国、印度；中国广东（广州）有引种栽培。

观赏价值及应用： 植株矮小，花形奇特，适宜作林下地被植物，也可作小型盆栽供观赏。

紫苞舞花姜

Globba winitii C. H. Wright

形态特征： 多年生草本，高 40~60 cm。叶鞘淡绿色；叶片长圆状披针形，基部心形或基部两侧呈耳状交叠。聚伞状圆锥花序顶生，下垂；苞片狭倒卵形，紫色；花黄色。

习性： 生于山地林中潮湿处。适宜温暖、潮湿及半荫蔽的环境，生长适温为 22~32℃，不耐干旱，不耐寒，极怕霜冻。珠芽及分株繁殖。

分布： 原产于泰国；中国广东（广州）有引种栽培。

观赏价值及应用： 花序多花，苞片紫色，花形奇特，当微风吹拂，犹如在空中起舞的精灵，趣味性很高。适宜作林下地被或作花坛、花境植物，也可作小型盆栽供观赏。

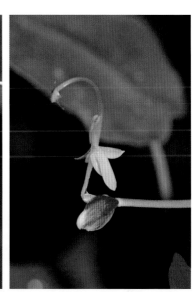

姜花属 *Hedychium* J. König

　　根状茎肉质，块状。穗状花序顶生，苞片覆瓦状排列或疏松，宿存；小苞片管状；花冠管纤细，通常长于花萼，裂片线形，开花时通常反折或卷曲；侧生退化雄蕊花瓣状；唇瓣近圆形，先端通常2裂，基部通常具瓣柄；花药背着，无药隔附属物。蒴果球状或椭圆形，3瓣开裂；种子红色。

　　约50种。主产于亚洲热带到暖温带，非洲（马达加斯加）；中国产28种。

矮姜花

Hedychium brevicaule D. Fang

　　别名：那坡姜花

　　形态特征：多年生草本，高30~70 cm。叶片长圆形或倒卵形。穗状花序长8~15 cm；花白色，具香味；侧生退化雄蕊倒披针形，白色；唇瓣宽卵形，白色。蒴果钝三棱状，成熟时黄色或橙色。

　　习性：生于海拔500~700 m的林中潮湿处。适宜温暖、潮湿及半荫蔽的环境，生长适温为20~30℃。种子和分株繁殖。

　　分布：特产于中国广西（那坡）。

　　观赏价值及应用：花芳香，可作香型切花。植株较矮小，宜作花坛、花境栽植，也可用于假山、庭院和附生于树上点缀；适宜作林下地被植物，也可作小型盆栽供观赏。根状茎药用，治支气管哮喘。

红姜花

Hedychium coccineum Buch.-Ham. ex Smith

形态特征：多年生草本，高 1.5~2.2 m。叶片狭线形，宽 3~5.5 cm，背面黄绿色或紫红色。穗状花序顶生，长 15~35 cm；花红色；侧生退化雄蕊披针形；唇瓣圆形，顶端 2 裂，边缘具不规则的浅齿，基部具瓣柄。蒴果球状；种子具红色假种皮。

习性：生于海拔 800~2 900 m 的林缘向阳处。适宜温暖、潮湿及半荫蔽的环境，生长适温为 20~32℃。种子和分株繁殖。

分布：中国广西、西藏、云南；东南亚有分布。

观赏价值及应用：花红色，花期长，可作切花或用于园林造景。

姜花

Hedychium coronarium J. König

别名：白姜花、蝴蝶姜、白草果

形态特征：多年生草本，高 0.9~2 m。叶片披针形或长圆状披针形。穗状花序顶生；苞片覆瓦状；花白色，芳香；侧生退化雄蕊白色；唇瓣倒心形，白色，基部具浅黄绿色斑。蒴果 3 瓣开裂；种子红色。

习性：生于山地林缘潮湿处。适宜温暖、潮湿的环境，生长适温为 20~32℃。种子和分株繁殖。

分布：中国广东、广西、湖南、四川、台湾、云南；东南亚及澳大利亚有分布。

观赏价值及应用：花形如白蝴蝶，具清新优雅香味，可植于庭院点缀或盆栽于客厅、阳台供观赏，也可作香型切花供观赏。花未完全盛开时可采摘作时令野菜。根状茎药用，治跌打肿痛。

密花姜花

Hedychium densiflorum Wallich

形态特征：多年生草本，高 0.5~
1.2 m。叶片长圆状披针形，无毛。穗
状花序长 10~20 cm，花多密集；花橙
黄色或黄色；唇瓣楔形，先端 2 裂；
雄蕊长于唇瓣。

习性：生于海拔 1 700~2 000 m 的
林缘潮湿处或附生于树上或石上。适
宜凉爽、潮湿的环境，生长适温为
18~28℃。种子和分株繁殖。

分布：中国云南西南部，西藏东
部；不丹、印度、尼泊尔有分布。

观赏价值及应用：花多密集，可
用于庭院的树上或假山上点缀，也可作切花；适宜盆栽于客厅、阳台供观赏。

无丝姜花

Hedychium efilamentosum Handel-Mazzetti

形态特征：多年生草本，高 1~1.6 m。叶片椭圆形，背面密被柔毛。穗状花序顶生；苞片覆瓦状排列，每苞片内有 3 花；花黄色；花丝极短，长 1~2 mm。

习性：生于海拔 800~1 200 m 的山谷林中的沟边或林下潮湿处。适宜温暖、潮湿的环境，生长适温为 20~32℃。分株繁殖。

分布：中国西藏、云南。

观赏价值及应用：花形如黄蝴蝶，花姿优美，可植于庭院点缀或盆栽于客厅、阳台供观赏，也可作切花。

粉红姜花（新拟）

Hedychium elatum R. Brown

形态特征：多年生草本，高 1.5~2.2 m。叶舌紫红色；叶片长圆状披针形。穗状花序长 15~30 cm，花多密集；花冠淡绿色；侧生退化雄蕊、唇瓣和雄蕊粉红色。

习性：生于海拔 800~1 800 m 的林缘或路旁潮湿处。适宜凉爽、潮湿的环境，生长适温为 18~30℃。种子和分株繁殖。

分布：中国西藏东南部（中国新记录）；尼泊尔、不丹、印度北部有分布；中国科学院华南植物园有引种栽培。

观赏价值及应用：花粉红色，可用于庭院点缀，也可作切花供观赏。

峨眉姜花

Hedychium flavescens Carey ex Roscoe

形态特征：多年生草本，高 1.5~2 m。叶片长圆状披针形或披针形，背面被长柔毛。穗状花序顶生；苞片覆瓦状排列，每苞片内有 5~6 花；花冠奶黄色；唇瓣长比宽长，奶黄色，中部有一个金黄色斑块，顶端 2 浅裂。蒴果椭圆形。

习性：生于海拔 450~950 m 的沟边、荒坡或林下潮湿处。适宜温暖、潮湿的环境，生长适温为 20~32℃。种子和分株繁殖。

分布：中国四川、重庆；印度、尼泊尔也有分布。中国南方地区的植物园和公园常有栽培。

观赏价值及应用：花形如黄蝴蝶，花姿优美，具香味，可植于庭院点缀或作盆栽观赏，也可作香型切花；也可盆栽于客厅、阳台观赏。根状茎入药，解表散寒、利湿、消肿等；用于暑湿腹泻、痢疾、小便不利、四肢水肿等。

218

黄姜花

Hedychium flavum Roxburgh

形态特征：多年生草本，高 1.5~2 m。叶片披针形或长圆状披针形，两面无毛。穗状花序顶生；苞片覆瓦状排列，长圆状卵形，每苞片内有 3 花；花黄色。

习性：生于海拔 800~1 200 m 山谷林中的沟边或林下潮湿处。适宜温暖、潮湿的环境，生长适温为 20~32℃。分株繁殖。

分布：中国广西、四川、西藏、云南、贵州；印度有分布。

观赏价值及应用：花形如黄蝴蝶，花姿优美，具香味，可植于庭院点缀或盆栽于客厅、阳台供观赏，也可作香型切花材料。根状茎药用，治咳嗽。是佛教的"五树六花"之"黄姜花"。

圆瓣姜花

Hedychium forrestii Diels

形态特征：多年生草本，高 1~1.5 m。叶片长圆形或长圆状披针形，两面无毛。穗状花序顶生；苞片内卷成管状，每苞片内有花 4 朵；花白色，有香味；唇瓣圆形，上部白色，基部淡黄色，顶端 2 深裂至近基部，基部收缩呈瓣柄；花丝淡黄色。蒴果卵状长圆形。

习性：生于海拔 200~2 040 m 的山谷林中的沟边或林下潮湿处。适宜温暖、潮湿的环境，生长适温为 20~32℃。种子和分株繁殖。

分布：中国西藏、四川、云南、贵州、广西等地区。

观赏价值及应用：花姿优美，具香味，可用于庭院点缀或林下绿化，也可作香型切花材料。根状茎药用，治支气管哮喘。

金姜花

Hedychium gardnerianum Sheppard ex Ker Gawler

形态特征：多年生草本，高 1~1.6 m。叶舌、叶鞘及幼叶背面具有白粉；叶片狭椭圆形。穗状花序顶生，长 20~45 cm；花冠、唇瓣金黄色，花丝及花药红色。

习性：生于海拔 1 600~2 300 m 的林缘向阳处。适宜凉爽、潮湿及半荫蔽的环境（不喜高温、高湿环境），生长适温为 18~28℃。种子和分株繁殖。

分布：中国西藏、云南；印度、尼泊尔、不丹有分布。

观赏价值及应用：花金黄色，花丝红色，花多及花期长，适宜作切花，也可片植或丛植于路旁、溪边、庭院供观赏。

221

红背姜花（新拟）

Hedychium greenii W. W. Smith

形态特征：多年生草本，高 1~1.6 m。叶鞘及叶舌红色；叶片狭椭圆形至狭卵形，正面绿色，背面红色至紫红色，无毛。穗状花序顶生，长5~9 cm；花冠、唇瓣、花丝及花药红色或橙红色。

习性：生于海拔 1 600~2 300 m 的林缘向阳处。适宜凉爽、潮湿及半荫蔽的环境（不喜高温、高湿环境），生长适温为 18~28℃。珠芽及分株繁殖。

分布：原产于印度、尼泊尔、不丹。

观赏价值及应用：叶片背面红色至紫红色，花红色至橙红色，美丽迷人，是姜科中为数不多的观叶观花两相宜的物种，适宜作切花或切叶，用作插花衬材，也可片植或丛植于路旁、溪边、房前及庭院点缀供观赏。

222

爪哇姜花（新拟）

Hedychium hasseltii Blume

形态特征：附生小草本，高 30~60 cm。叶片两面无毛；叶舌长可达 4 cm。穗状花序圆柱形，直立或长下垂，长 12~30 cm；苞片革质，包围着花序轴；退化雄蕊白色，披针形；唇瓣白色，长圆形，顶端 2 裂，裂片狭披针形，与退化雄蕊等长；花药基部被疏柔毛。蒴果近圆柱状，长约 3 cm，被疏柔毛。

习性：生于热带岛屿丛林中，附生于树上或石上。适宜温暖、潮湿的环境，生长适温为 22~32℃。种子和分株繁殖。

分布：原产于印度尼西亚爪哇岛；中国科学院华南植物园有引种栽培。

观赏价值及应用：花形奇特，橙黄色的果皮、红色的种子均具较高的观赏性，植株矮小，适宜作小型盆栽供观赏，也可用于假山或树上点缀供观赏。

短唇姜花（新拟）

Hedychium horsfieldii Wallich

别名：短唇姜、荷氏短唇姜

形态特征：附生小草本，高 30~60 cm。根肉质，粗壮；叶片披针形或线状披针形，两面无毛。穗状花序顶生，圆柱状，长 8~18 cm；花淡黄色或黄色；唇瓣长约 3 mm，是目前姜花属已发现种类中最短的，容易与属内其他种类区别。

习性：生于热带岛屿丛林中，附生于树上或石上。适宜温暖、潮湿的环境，生长适温为 22~32℃。种子和分株繁殖。

分布：原产于印度尼西亚爪哇岛；中国科学院华南植物园有引种栽培。

观赏价值及应用：花形奇特，橙黄色的果皮、红色的种子均具较高的观赏性，植株矮小，适宜作小型盆栽供观赏，也可栽培于假山上点缀供观赏。

柱穗姜花（新拟）

Hedychium khaomaenense Picheansoonthon & Mokkamul

形态特征：多年生草本，高 0.5~1.3 m。叶舌、叶片背面被长柔毛。穗状花序圆柱形；花冠淡红色或淡黄色；侧生退化雄蕊，唇瓣白色；花丝淡黄色。蒴果近球形，橙黄色。

习性：生于林缘或林下潮湿处。适宜温暖、潮湿的环境，生长适温为 22~32℃。种子和分株繁殖。

分布：原产于泰国。

观赏价值及应用：植株矮小，适宜作小型盆栽供观赏，也可用于林下绿化。

广西姜花

Hedychium kwangsiense T. L. Wu & S. J. Chen

形态特征：多年生草本，高 0.8~1.3 m。叶舌长披针形，长 2.5~8 cm，鲜时淡紫红色，老时变褐色；叶片披针形，两面无毛。穗状花序顶生；花白色，具浓郁芳香气味。蒴果卵球形；种子红色。

习性：生于海拔约 400 m 的林中潮湿处。适宜温暖、潮湿的环境，生长适温为 18~32℃。种子和分株繁殖。

分布：特产于中国广西（那坡、东兰、龙州）。

观赏价值及应用：花具兰花般香味，花期长，单朵花的最长寿命可达 4 天，单株花期长达 24 天，可作香型切花材料，也可用于庭院点缀或林下绿化。根状茎药用，治无名肿毒。

卷唇姜花（新拟）

Hedychium longicornutum Griffith ex Baker

形态特征：附生草本，高 40~60 cm。叶片长圆形或长圆状披针形。穗状花序顶生，花密集；唇瓣橙黄色，2 深裂至基部，裂片自基部呈 90° 扭转并各自朝相反方向运动，卷曲成一个 360° 的圆圈。蒴果椭圆形，橙黄色；种子红色。

习性：生于热带森林中，附生于树上。适宜温暖、潮湿的环境，生长适温为 22~32℃。种子和分株繁殖。

分布：原产于马来半岛至泰国南部；中国科学院华南植物园有引种栽培。

观赏价值及应用：花形奇特，植株矮小，适宜作小型盆栽供观赏，也可附于庭院树上或假山上点缀供观赏。

肉红姜花

Hedychium neocarneum T. L. Wu, K. Larsen & Turland

形态特征：多年生草本，高 1.5~2 m。根状茎块状；叶片背面密被长柔毛。穗状花序顶生；苞片内卷成管状；花白色；唇瓣近圆形，白色，基部肉红色；花丝、花药淡肉红色。蒴果长卵球形，熟时橙黄色。

习性：生于海拔 900~1 900 m 的林中潮湿处。适宜温暖、潮湿的环境，生长适温为 20~32℃。种子和分株繁殖。

分布：中国云南南部至西南部。

观赏价值及应用：花肉红色，花期长，可作切花材料，也可用于庭院点缀或林下绿化。

普洱姜花

Hedychium puerense Y. Y. Qian

形态特征：多年生草本，高 1.5~2 m。叶鞘、叶舌及叶背密被长柔毛。花白色；唇瓣近圆形；花丝白色。

习性：生于海拔 800~1 600 m 的林中潮湿处。适宜温暖、潮湿的环境，生长适温为 20~32℃。种子和分株繁殖。

分布：中国云南南部。

观赏价值及应用：花有淡淡清香，可作切花材料，也可用于庭院点缀或林下绿化。根状茎药用，祛风散寒、敛气止汗；用于虚弱自汗、胃气寒痛、消化不良、风寒痹痛。

变色姜花（新拟）

Hedychium roxburghii Blume

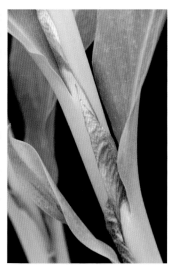

形态特征：多年生草本，高 0.5~1.3 m。叶舌、叶片背面被长柔毛。穗状花序顶生；花冠白色，裂片窄线形；侧生退化雄蕊、唇瓣白色（始花时），第 2 天变成黄色；花丝红色，长 5~7 cm。蒴果近球形，橙黄色或火红色至蛋黄色。

习性：生于热带岛屿丛林中，附生于树上或石上。适宜温暖、潮湿的环境，生长适温为 22~32℃。种子和分株繁殖。

分布：原产于印度尼西亚（巴厘岛、爪哇岛）；中国科学院华南植物园有引种栽培。

观赏价值及应用：花形奇特，单花可开 2 天，第 1 天白色，第 2 天变成黄色，植株矮小，适宜作小型盆栽供观赏，也可栽培于假山上供观赏。

小花姜花

Hedychium sinoaureum Stapf

形态特征：多年生草本，高 0.5~0.9 m。叶舌长 5~10 mm；叶片披针形，无毛，宽 3~6 cm，先端狭尾状。穗状花序长 10~20 cm，直立或半下垂；苞片紧密包卷住花萼管，小苞片红色；花萼长于苞片，先端钝；花冠裂片线形；侧生退化雄蕊斜披针形，嫩黄色，长约 8 mm；唇瓣近圆形，嫩黄色，长约 1 cm，先端 2 裂。

习性：附生于海拔 1 200~2 800 m 的树上或石上。适宜凉爽、潮湿的环境，生长适温为 18~29℃。种子和分株繁殖。

分布：中国云南、西藏；印度（锡金）也有分布。

观赏价值及应用：适宜作小型盆栽供观赏，也可栽培于假山上供观赏。

草果药

Hedychium spicatum Smith

形态特征：多年生草本，高 0.8~1 m。叶片长圆状披针形或长圆形。穗状花序顶生，多花；花白色，芳香；花冠淡黄；唇瓣倒卵形，先端 2 深裂，裂片急尖，具瓣柄，白色或变淡黄色；花丝短于唇瓣。蒴果近球形。

习性：生于海拔 1 200~3 000 m 的林中或林缘。适宜凉爽、潮湿的环境，生长适温为 18~28℃。种子和分株繁殖。

分布：中国贵州、四川、西藏、云南；缅甸、尼泊尔、泰国有分布。

观赏价值及应用：花芳香，可作切花材料，也可用于庭院点缀或林下绿化。种子药用，性微苦，能宽中理气、消胸膈膨胀、开胃消宿食。

232

疏花草果药

Hedychium spicatum var. acuminatum (Roscoe) Wallich

形态特征：多年生草本，高 0.7~1 m。叶片长圆形或长圆状披针形。穗状花序稀疏少花；侧生退化雄蕊、唇瓣基部紫红色；花丝短于唇瓣、花药橙红色。蒴果近球形。

习性：生于海拔 1 400~3 200 m 的林中、林缘或溪边荒地。适宜凉爽、潮湿的环境，生长适温为 18~28℃。种子和分株繁殖。

分布：中国西藏、云南；不丹、尼泊尔、印度有分布。

观赏价值及应用：花芳香，可作切花材料；适宜盆栽于客厅、阳台供观赏，也可栽植于庭院点缀。

狭瓣姜花

Hedychium stenopetalum G. Loddiges

形态特征：多年生草本，高 1.5~2.5 m。叶舌全缘，外面被长柔毛；叶片长圆状披针形，背面被贴伏长柔毛。穗状花序长 20~25 cm，疏松；花冠纯白色；退化雄蕊线状披针形；唇瓣白色，近圆形，2 深裂。

习性：生于海拔 500~1 100 m 的林中。适宜温暖、潮湿及半荫蔽的环境，生长适温为 20~32℃。种子和分株繁殖。

分布：原产于印度、缅甸。

观赏价值及应用：可用于庭院点缀观赏或林下绿化。

腾冲姜花

Hedychium tengchongense Y. B. Luo

形态特征：多年生草本，高 0.7~0.9 m。叶舌膜质，椭圆形，先端截形，无毛；叶片长圆形，无毛。穗状花序长 25~40 cm；花黄色；唇瓣长约 3.5 cm，顶端 2 裂至中部，裂片线形；雄蕊橙红色。熟果黄色；种子红色。

习性：生于海拔 1 400~1 800 m 的林中。适宜凉爽、潮湿及半荫蔽的环境，生长适温为 20~29℃。种子和分株繁殖。

分布：中国云南西部（盈江、腾冲）。

观赏价值及应用：花序繁花似锦，是不可多得的切花材料，适宜作中小型盆栽供观赏，也可用于庭院或假山点缀供观赏。

毛姜花

Hedychium villosum Wallich

形态特征：多年生草本，高 1~2 m。根状茎块状，肉质；叶片长圆状披针形。穗状花序，长 12~23 cm，花多密集，芳香；花冠淡黄色；侧生退化雄蕊、唇瓣白色；花丝、花药红色。蒴果卵球形，熟时橙黄色，3 瓣开裂。

习性：生于海拔 100~3 400 m 的林缘或溪边潮湿处，常附生于树上或岩石上。适宜凉爽、潮湿的环境，生长适温为 20~30℃。种子和分株繁殖。

分布：中国广东、广西、海南、云南；印度、缅甸、泰国、越南有分布。

观赏价值及应用：花芳香，可作切花材料，也可用于庭院点缀。药用部位为根状茎，主治支气管哮喘。

滇姜花

Hedychium yunnanense Gagnepain

形态特征：多年生草本，高 0.8~1.3 m。叶片卵状长圆形或长圆形，无毛，基部渐狭。穗状花序，长 15~20 cm；苞片内卷成管状，内有 1 花；花冠淡黄色；侧生退化雄蕊、唇瓣白色；花丝、花药橙红色。蒴果无毛；种子红色。

习性：生于山地林缘、路旁或溪边潮湿处。适宜凉爽、潮湿的环境，生长适温为 20~30℃。种子和分株繁殖。

分布：中国广西、云南；越南也有分布。

观赏价值及应用：花芳香，可作切花材料，也可用于庭院点缀或园林造景。根状茎药用，主治支气管哮喘。

姜科

237

大豆蔻属 *Hornstedtia* Retzius

根状茎木质，匍匐。花序基生，通常 1/2 藏于地下；苞片覆瓦状排列，外部的为不育苞片，内部的为可育苞片，每苞片内有 1 花，内贮黏液；花冠管细长，顶端通常呈直角状弯曲；唇瓣等长于花冠裂片。蒴果近圆柱状或近三棱形，平滑，果皮坚韧，不开裂。

约 60 种。产于亚洲热带地区；中国产 2 种。

大豆蔻

Hornstedtia hainanensis T. L. Wu & S. J. Chen

形态特征：多年生草本，高 1.5~2.5 m。根状茎匍匐，覆盖鳞片状鞘。叶片长圆形或线状披针形。穗状花序基生，纺锤形，苞片红色；花冠粉红色；唇瓣粉红色，上部边缘皱折呈刻裂状小齿，基部呈瓣柄状；无花丝。蒴果长圆形，白色或淡黄褐色，不开裂。

习性：生于海拔 100~700 m 的山地林缘、路旁或溪边潮湿处。适宜温暖、潮湿的环境，生长适温为 18~30℃。种子和分株繁殖。

分布：中国广东、海南；越南有分布。

观赏价值及应用：植株挺拔，花序红色，花红色或粉红色，可植于庭院供观赏。全草药用，治水肿、小便不利。

西藏大豆蔻

Hornstedtia tibetica T. L. Wu & S. J. Chen

形态特征：多年生草本，高 1~2.5 m。根状茎匍匐，具粗壮支撑根；叶片披针形，背面密被柔毛。穗状花序基生，紫褐色；花白色；唇瓣长圆形或倒卵形，白色。蒴果长圆形，淡肉红色，外面密被紫红色小斑点及灰白色绒毛。

习性：生于海拔 600~1 000 m 的山地林缘、路旁或溪边潮湿处。适宜凉爽、潮湿的环境，生长适温为 18~30℃。种子和分株繁殖。

分布：中国西藏（墨脱）；中国科学院华南植物园有引种栽培。

观赏价值及应用：植株挺拔，花白色，花期长，可植于庭院供观赏，也可用于林下及荒坡绿化。果实药用，墨脱民间作藏药"苏麦"（白豆蔻）使用。

山奈属 *Kaempferia* Linnaeus

根状茎块状，匍匐，肉质及芳香。叶 1 至数枚，近圆形，椭圆形或线形。头状或穗状花序，生于假茎顶端或基生；侧生退化雄蕊花瓣状；唇瓣通常白色或淡紫色，顶部 2 浅裂或 2 裂至基部；药隔附属体从花的喉部延伸外露。

约 50 种。产于亚洲热带地区；中国产 6 种。

狭叶山奈

Kaempferia angustifolia Roscoe

形态特征：多年生草本，高 10~15 cm。叶形变化较大，直立，线形、狭长圆形或狭椭圆形，边缘波状。穗状花序顶生；侧生退化雄蕊白色，顶端淡紫色；唇瓣紫红色。

习性：生于灌丛或开阔草地。适宜温暖、潮湿的环境，生长适温为 20~30℃，秋末冬初进入休眠期，地上部分枯萎。种子和分株繁殖。

分布：原产于菲律宾、马来西亚、缅甸、泰国有分布；中国科学院华南植物园有引种栽培。

观赏价值及应用：花、叶奇特，色彩美丽，观赏性极高，适宜盆栽供观赏，也可作地被植物。通常被原产地居民用来治疗感冒、胃痛和痢疾；根茎用于治疗咳嗽。

彩叶狭叶山柰

Kaempferia angustifolia '3-D'

形态特征：与原种不同之处在于叶片边缘黄色，中部淡绿色或黄绿色，内面深绿色。

观赏价值及应用：叶片具有 3 种颜色，色彩美丽，观赏性极高，适宜盆栽供观赏。

紫花山柰

Kaempferia elegans (Wallich) Baker

形态特征：多年生草本，高 5~15 cm。叶 2~4 片，长圆形或椭圆形。头状花序顶生，花浅紫色；侧生退化雄蕊、唇瓣浅紫色。

习性：生于山地林缘、路旁或溪边潮湿处。适宜凉爽、潮湿的环境，生长适温为 18~30℃，秋末冬初进入休眠期，地上部分枯萎。种子和分株繁殖。

分布：中国四川；马来西亚、缅甸、泰国、菲律宾、印度有分布。

观赏价值及应用：花形奇特，叶色色彩美丽，观赏性极高，适宜盆栽供观赏，也可作地被植物。

山柰

Kaempferia galanga Linnaeus

别名：沙姜

形态特征：多年生草本，高 5~10 cm。根状茎块茎状，芳香。叶 2~4 片，平铺在地面，近圆形，基部具紫色斑块，先端 2 深裂，无紫色边缘。花序顶生，包藏于叶鞘内；花冠白色；侧生退化雄蕊白色；唇瓣白色，基部具紫色斑块，先端 2 深裂。

习性：生于灌丛或开阔草地。适宜凉爽、潮湿的环境，生长适温为 18~30℃，秋末冬初进入休眠期，地上部分枯萎。种子和分株繁殖。

分布：中国广东、广西、台湾、云南；柬埔寨、印度有分布；东南亚广泛栽培。

赏价值及应用：适宜盆栽供观赏，也可作地被植物。根状茎可作肉类调料食用，入药治急性胃肠炎、消化不良、胃寒疼痛、牙痛、风湿关节痛、跌打损伤等。

线叶紫花山柰（新拟）

Kaempferia larsenii Sirirugsa

形态特征：多年生草本，高 10~15 cm。叶片直立，线形或线状披针形。穗状花序顶生；侧生退化雄蕊及唇瓣紫色。

习性：生于灌丛、开阔草地或稻田旁。适宜温暖、潮湿的环境，生长适温为 20~30℃，秋末冬初进入休眠期，地上部分枯萎。种子和分株繁殖。

分布：原产于老挝、泰国，中国科学院华南植物园有引种栽培。

观赏价值及应用：花、叶奇特，色彩美丽适宜盆栽供观赏，也可作地被植物，通常被原产地居民用作药用植物。

苦山柰

Kaempferia marginata Carey ex Roscoe

形态特征： 多年生草本，高 5~10 cm。根状茎块状，内面黄色部分有毒，白色部分无毒。叶通常 2 枚，平铺在地面上，背面紫色或绿色带有紫色斑，很少纯绿色，边缘紫红色。花序顶生，生于叶鞘内面，花浅紫红色；唇瓣紫红色。

习性： 生于灌丛或开阔草地。喜温暖、潮湿的环境，生长适温为 18~30℃。秋末冬初进入休眠期，地上部分枯萎。种子和分株繁殖。

分布： 中国云南；印度、缅甸、泰国有分布。

赏价值及应用： 适宜盆栽供观赏，也可作地被植物。根状茎内面黄色的部分有毒，切勿食用，白色部分可食用，可提取芳香油。

小花山柰

Kaempferia parviflora Willdenow ex Baker

别名：黑心姜

形态特征：多年生草本，高 20~45 cm。根状茎内面灰黑色、紫色、紫黑色。叶片椭圆形或长圆形，背面具紫红色斑块。花序顶生于一近钟状总苞片内；花冠、侧生退化雄蕊白色；唇瓣顶端与边缘近白色，中部紫红色。

习性：生于山地林缘、路旁潮湿处。适宜温暖、潮湿的环境，生长适温为 20~30℃。种子和分株繁殖。

分布：原产于缅甸、老挝、泰国；中国科学院西双版纳热带植物园和华南植物园有引种栽培。

观赏价值及应用：叶色美丽，适宜盆栽于室内供观赏，可片植于路旁或半荫蔽的疏林下观赏。根状茎药用，东南亚民间用来治疗男性勃起功能障碍（Saokaew et al., 2016）。

斑叶山柰（新拟）

Kaempferia roscoeana Wallich

形态特征：多年生草本，高 5~10 cm。叶 2~4 片，平铺在地面，近圆形、卵形或长圆形、绿色，间有灰绿色和淡绿色斑，无毛。花序顶生，包藏于叶鞘内；侧生退化雄蕊白色；唇瓣白色，基部具黄色斑，先端 2 深裂。

习性：生于灌丛、开阔草地或林下潮湿处。适宜温暖、潮湿的环境，生长适温为 20~30℃，秋末冬初进入休眠期，地上部分枯萎。种子和分株繁殖。

分布：原产于印度、尼泊尔、缅甸、泰国；中国南方地区有引种栽培。

观赏价值及应用：适宜盆栽供观赏，也可作地被植物。根状茎可作肉类调料食用，入药治急性胃肠炎、消化不良、胃寒疼痛、牙痛、风湿关节痛、跌打损伤等。

海南三七

Kaempferia rotunda Linnaeus

形态特征：多年生草本，高 20~45 cm。根状茎卵形，肉质，内面淡黄色。叶片长圆状披针形，正面苍绿色，通常有彩色斑块。头状花序基生，先花后叶；花冠白色；唇瓣紫红色或淡紫色，宽倒卵形。蒴果长圆形或卵形，3 瓣开裂。

习性：生于山地林缘、路旁潮湿处。适宜凉爽、潮湿的环境，生长适温为 20~30℃，秋末冬初进入休眠期，地上部分枯萎。种子和分株繁殖。

分布：中国广东、广西、海南、云南、台湾；印度尼西亚、马来西亚、缅甸、泰国、印度、斯里兰卡有分布。

观赏价值及应用：花、叶美丽，适宜盆栽于室内供观赏，可片植于路旁或半荫蔽的疏林下供观赏。块根、根状茎药用，治跌打损伤。

248

拟姜花属（新拟）*Larsenianthus* W. J. Kress & Mood

形态特征类似于姜花属，但本属的侧生退化雄蕊小，唇瓣狭窄，伸长，边缘增厚，中央龙骨状，花丝拱形弯曲，易于和姜花属区别。

约 4 种。生于海拔 25~1 400 m 的热带常绿与半常绿阔叶林中，分布于孟加拉国东北部、印度北部到缅甸。

拟姜花（新拟）

Larsenianthus careyanus (Bentham) W. J. Kress & Mood

形态特征：多年生草本，高 0.8~1.6 m。叶片卵形至椭圆形。穗状花序顶生，直立；苞片中部绿色，边缘白色，内面具黏液；花冠绿白色，顶端粉红色；侧生退化雄蕊近圆形，白色，反折，先端截形，粉红色；唇瓣倒披针形，白色至浅紫色粉红，先端截形，中部有 2 齿。蒴果三棱形；种子亮绿色。

习性：生于热带半常绿阔叶林中潮湿处。适宜温暖、潮湿的环境，生长适温为 20~30℃。种子和分株繁殖。

分布：原产于孟加拉国和印度东北部；中国科学院华南植物园和西双版纳热带植物园有引种栽培。

观赏价值及应用：花序苞片绿白色，如翡翠般迷人，开花后 5 个月内，颜色依然新鲜翠绿，未变褐色，可作观赏苞片类切花，适宜盆栽供观赏和作地被植物。

大苞姜属 *Monolophus* Wallich

花序顶生；苞片 2 列，披针形；花白色、黄色或粉红色，每苞片有 1 花；无小苞片；花萼管状，于一侧开裂；花冠裂片 3 枚，中部 1 枚比侧生稍大；侧生退化雄蕊瓣状；唇瓣圆形或宽卵形；花药基着，药隔附属物显著、反折。蒴果肉质；种子无假种皮。

约 10 种。分布于中国、缅甸、印度、泰国；中国产 1 种。

黄花大苞姜

Monolophus coenobialis Hance
[*Caulokaempferia coenobialis* (Hance) K. Larsen]

别名：水马鞭、岩白姜、石竹花

形态特征：多年生纤弱草本，高 15~30 cm。叶片 5~9 枚，披针形，长 5~14 cm，宽 1~2 cm，无毛。花序顶生，花冠黄色；侧生退化雄蕊椭圆形，黄色；唇瓣宽卵形，黄色。果卵球形至长圆形，具宿存花萼。

习性：生于林下潮湿处或潮湿阴凉的岩石上。适宜凉爽和半荫蔽的环境，生长适温为 18~28℃，秋末冬初进入休眠期，地上部分枯萎。种子和分株繁殖。

分布：中国广东、广西。

观赏价值及应用：花色艳丽，栽于庭院潮湿的假山上点缀观赏。全草药用，治蛇伤及风湿。

偏穗姜属 *Plagiostachys* Ridley

花序生于假茎中上部穿鞘而出，卵球形，长圆形或圆锥状；苞片密集，小苞片管状；花冠管短于或等长于花萼。蒴果卵球形或椭圆形，果皮薄而脆；种子具棱角。

约 18 种。产于东南亚；中国产 1 种。

偏穗姜

Plagiostachys austrosinensis T. L. Wu & S. J. Chen

形态特征：多年生草本，高 60~100 cm。叶舌 2 裂，叶片线形。花序自地上茎侧穿鞘而出，球形、椭圆形或卵形；苞片卵形，密集覆瓦状排列。蒴果椭圆形。

习性：生于常绿阔叶林中潮湿处。适宜凉爽、潮湿的环境，生长适温为 20~30℃。种子和分株繁殖。

分布：中国海南、广东、广西。

观赏价值及应用：株形矮小，花序从假茎侧生出，适宜盆栽供观赏和作地被植物。根状茎药用，主治风湿骨痛和胃脘痛。

姜科

直唇姜属 *Pommereschea* Wittmack

多年生草本，高 17~70 cm。叶具柄，叶片基部心形或箭形；穗状花序顶生；花冠管较萼管长；无侧生退化雄蕊；唇瓣直立，狭匙形，顶端 2 浅裂或裂成 2 瓣，基部与花丝连合；花丝线形，长于花冠。蒴果近球形；种子近球形。

仅 2 种。产于中国（云南）；缅甸、泰国有分布。

直唇姜

Pommereschea lackneri Wittmack

形态特征：多年生草本，高 50~70 cm。叶片卵状披针形或长圆形，叶背被短柔毛，顶端渐尖，基部心形。穗状花序顶生；苞片披针形，绿色；花黄色；花萼管状，顶端具 2 齿；唇瓣直立，狭匙形，包住雄蕊；花丝弯曲，长 3.5~4 cm。

习性：生于海拔约 1 200 m 的石灰岩上。适宜凉爽、潮湿的环境，生长适温为 20~30℃。种子和分株繁殖。

分布：中国云南（西双版纳）；缅甸、泰国。

观赏价值及应用：株形矮小，花形奇特，适宜盆栽供观赏和庭院假山点缀。

苞叶姜属 *Pyrgophyllum* (Gagnepain) T. L. Wu & Z. Y. Chen

多年生草本，高 25~55 cm。叶片 3~5 枚，卵形或长圆状披针形；叶柄具沟槽，花序顶生；苞片先端叶状，基部边缘与花序轴贴生成囊状；花黄色。

单种属。特产于中国云南、四川。

苞叶姜

Pyrgophyllum yunnanense (Gagnepain) T. L. Wu & Z. Y. Chen
[*Caulokaempferia yunnanensis* (Gagnepain) R. M. Smith]

别名：大苞姜、滇姜三七

形态特征：多年生草本，株高 25~55 cm。叶片长圆状披针形或卵形，背面被短柔毛。花序顶生；苞片绿色，先端叶状，基部边缘与花序轴贴生成囊状；花黄色。蒴果近圆形；种子卵形。

习性：生于海拔 1 500~2 800 m 的山地林中。适宜凉爽、潮湿的环境。种子和分株繁殖。

分布：中国云南、四川。

观赏价值及应用：株形优美，花黄色，苞片叶状，似叶而非叶，极具吸引力，适宜盆栽供观赏，用于庭院假山点缀。根状茎药用，有消肿止痛功能。

艳苞姜属 *Renealmia* Linnaeus f.

　　株形与山姜属植物相似。花序基生或很少顶生，通常疏松，或密集如球状，直立或匍匐；小苞片管状；花白色至黄色；花萼管状至陀螺状；唇瓣直立或平展，3 浅裂，长于花冠裂片。蒴果球状到椭圆形，从基部开裂到顶端；种子通常有橙色的假种皮。

　　约 75 种。主产于新热带区（墨西哥、加勒比海地区、热带美洲），非洲约有 20 种。

艳苞姜（新拟）

Renealmia alpinia (Rottboell) Maas

　　形态特征：多年生草本，高 1~5 m。叶鞘绿色，具方格状网纹；叶片狭椭圆形。花序基生，长 12~55 cm，通常总状或有时基部具 2~6 花组成的蝎尾状聚伞花序；苞片膜质，粉色至红色，很快枯萎；花冠黄色。蒴果椭圆形，红色，成熟时黑紫色。

　　习性：生于常绿林中潮湿处、沼泽或河岸边。适宜温暖、潮湿及半荫蔽的环境，生长适温为 22~30℃。种子和分株繁殖。

　　分布：原产于热带南美洲、中美洲和墨西哥。

　　观赏价值及应用：株形优雅，苞片粉色至红色，适宜盆栽供观赏，也可用于庭院点缀和作林下地被植物。

顶花艳苞姜（新拟）

Renealmia cernua (Swartz ex Roemer & Schultes) J. F. Macbride

形态特征：多年生草本，高 60~100 cm。叶鞘绿色，具方格状网纹；叶片椭圆形。穗状花序顶生，椭圆形或卵形；苞片革质，橙红色，披针形，密集覆瓦状排列；花黄色。蒴果椭圆形。

习性：生于常绿林中潮湿处。适宜温暖、潮湿及半荫蔽的环境，生长适温为 22~32℃。种子和分株繁殖。

分布：原产于热带美洲；中国科学院华南植物园有引种栽培。

观赏价值及应用：株形优雅，花序如球，苞片橙红色，色彩鲜艳，如燃烧的火炬，极具观赏性，适宜盆栽供观赏，也可用于庭院点缀和作林下地被植物。

喙花姜属 *Rhynchanthus* J. D. Hooker

根状茎肉质，块状。穗状花序顶生，苞片颜色鲜艳；花冠裂片直立，无侧生退化雄蕊；唇瓣退化成小尖齿状，或无，位于花丝基部；花丝明显长于花冠，舟状，顶端喙状。

约 7 种。产于中国、印度尼西亚、缅甸、巴布亚新几内亚；中国产 1 种。

喙花姜

Rhynchanthus beesianus W. W. Smith

别名：滇高良姜

形态特征：多年生草本，高 0.5~1.2 m。叶片椭圆状长圆形。穗状花序顶生；苞片线状披针形，紫红色或浅橙红色；花萼红色；花冠管红色，裂片淡黄色；无侧生退化雄蕊和唇瓣；花丝呈舟状，黄色。

习性：生于海拔 1 500~2 100 m 的疏林灌丛、草地上潮湿处或附生于潮湿的大树上。适宜凉爽、潮湿的环境。种子和分株繁殖。

分布：中国云南西部和西北部。

观赏价值及应用：株形优美，花形奇特，苞片、花冠色彩艳丽，是高档切花材料，适宜盆栽供观赏，也可用于庭院石山点缀。

象牙参属 *Roscoea* Smith

多年生小草本，根状茎肉质，根簇生，纺锤形。叶鞘完全开放或闭合成管状。叶片长圆形或披针形。穗状花序顶生，无小苞片；花冠背裂片直立，通常兜状，侧裂片开展；侧生退化雄蕊花瓣状；唇瓣楔形，有时反折，先端微缺到2裂；药隔在基部延长成距。蒴果长圆形，圆筒状或棍棒状。

约20种。通常生于海拔1 500~4 880 m的地方，产于中国、不丹、尼泊尔、印度（锡金）、克什米尔、缅甸及越南；中国产13种。本属植物全为耐寒的花卉。

高山象牙参
Roscoea alpina Royle

形态特征：多年生小草本，高10~20 cm。叶片长圆状披针形或线形披针形，无毛。花序顶生，花序梗包藏于叶鞘中；花单朵开放，紫色或淡紫色。蒴果长2.5~3.5 cm。

习性：生于海拔2 000~4 300 m的松林、灌丛或草地。适宜凉爽、潮湿的环境，秋末冬初进入休眠期，地上部分枯萎。种子和分株繁殖。

分布：中国西藏、四川、云南；不丹、印度、克什米尔、缅甸、尼泊尔有分布。

观赏价值及应用：花形奇特，色彩美丽，适宜盆栽供观赏，也可用于岩石园或庭院石山点缀。

耳叶象牙参

Roscoea auriculata K. Schumann

　　形态特征：多年生草本，高 20~42 cm。叶鞘淡紫红色或绿色，完全闭合呈管状；叶片狭披针形，基部耳状抱茎，无毛。穗状花序顶生，花序柄藏于叶鞘中，不外露；苞片稍短于花萼；花紫色；侧生退化雄蕊白色，基部具紫色的"V"形标记。

　　习性：生于海拔 2 000~4 880 m 的松林、灌丛或草地。适宜凉爽、潮湿的环境，秋末冬初进入休眠期，地上部分枯萎。种子和分株繁殖。

　　分布：中国西藏；不丹、尼泊尔有分布。

　　观赏价值及应用：花形奇特，色彩美丽，适宜盆栽供观赏，也可用于岩石园或庭院石山点缀。

勃氏象牙参（新拟）

Roscoea brandisii (King ex Baker) K. Schumann

形态特征：多年生草本，高 25~45 cm。叶鞘绿色；叶片线形至狭披针形，基部耳状抱茎，无毛。穗状花序顶生，花序柄藏于叶鞘中，不外露；苞片稍长于花萼；花紫色；花冠背裂片椭圆形至宽椭圆形，短于 3 cm。

习性：生于海拔 1 520~3 050 m 的山坡。适宜凉爽、潮湿的环境，秋末冬初进入休眠期，地上部分枯萎。种子和分株繁殖。

分布：原产于缅甸、印度。

观赏价值及应用：花形奇特，色彩美丽，适宜盆栽供观赏，也可用于岩石园或庭院石山点缀。

头花象牙参

Roscoea capitata Smith

形态特征：多年生草本，高 30~
50 cm。叶片线形或线状披针形。头状
花序椭圆形或近球形，长 3~6 cm，直径
1~3.5 cm；花序梗长 3~11 cm，明显高于
叶鞘之上；苞片绿色；花紫色、淡紫色、
洋红色、粉红色或白色。

习性：生于海拔 2 000~3 400 m 的林
缘。适宜凉爽、潮湿的环境，秋末冬初
进入休眠期，地上部分枯萎。种子和分
株繁殖。

分布：中国西藏；尼泊尔有分布。

观赏价值及应用：色彩美丽，适宜盆栽供观赏，也可用于庭院石山或岩石园点缀。

261

早花象牙参

Roscoea cautleyoides Gagnepain

形态特征：多年生小草本，高 15~40 cm。叶片线形或披针形。穗状花序顶生，总花序梗长 3~9 cm 或更长，明显高于叶鞘之上；花白色、紫色、黄色或极少淡粉色。蒴果长圆形，长 2~4 cm。

习性：生于海拔 2 000~3 500 m 的松林、灌丛或草地。适宜凉爽、潮湿的环境，秋末冬初进入休眠期，地上部分枯萎。种子和分株繁殖。

分布：中国四川、云南。

观赏价值及应用：花形奇特，色彩美丽，适宜盆栽供观赏，也可用于岩石园或庭院石山点缀。

262

大理象牙参

Roscoea forrestii Cowley

形态特征：多年生小草本，高 7~30 cm。具无叶的叶鞘 3~4 枚；叶片披针形、长圆状披针形，无毛。花序梗隐藏于叶鞘中，花黄色或白色；2~4 花齐开放；花萼微染粉红色；花冠管明显长于花萼，侧生退化雄蕊斜倒卵形到菱形；唇瓣反折，倒卵形，2 裂至中部。

习性：生于海拔 2 000~3 500 m 的松林、灌丛或草地。适宜凉爽、潮湿的环境，秋末冬初进入休眠期，地上部分枯萎。种子和分株繁殖。

分布：中国云南、西藏。

观赏价值及应用：外形与大花象牙参近似，花大，色彩美丽，适宜盆栽供观赏，也可用于岩石园或庭院石山点缀。

毛叶象牙参（新拟）

Roscoea ganeshensis Cowley & W. J. Baker

形态特征：多年生草本，高 10~15 cm。叶鞘管状，黄绿色；叶片卵形、卵状披针形，两面密被短柔毛，基部有时稍耳状抱茎。穗状花序顶生，半隐藏于叶鞘中；苞片绿色，长于花萼；花紫色、淡紫色或暗紫色；花冠背裂片僧帽状，长 3~3.5 cm，有 9 条紫色脉；侧生退化雄蕊匙形，淡紫色；唇瓣近圆形，淡紫色。

习性：生于海拔约 1 900 m 的草地，适宜凉爽、潮湿的环境，秋末冬初进入休眠期，地上部分枯萎。种子和分株繁殖。

分布：原产于尼泊尔。

观赏价值及应用：花形奇特，色彩丰富美丽，适宜盆栽供观赏，也可用于岩石园或庭院石山点缀。

大花象牙参

Roscoea humeana Balfour f. & W. W. Smith

形态特征：多年生小草本，高 15~25 cm。叶片阔披针形或卵状披针形。穗状花序顶生，具长柄，通常先叶而出；花青紫色、紫红、白色、粉红、黄色；唇瓣倒卵形，长 2.5~4.5 cm，直径 2.8~3.5 cm。蒴果长圆形，长 2~3 cm。

习性：生于海拔 2 800~3 800 m 的松林、灌丛或草地。适宜凉爽、潮湿的环境，秋末冬初进入休眠期，地上部分枯萎。种子和分株繁殖。

分布：中国四川、云南。

观赏价值及应用：花较"大"，为本属花中皇后，色彩美丽，适宜盆栽供观赏，也可用于岩石园或庭院石山点缀。

265

先花象牙参

Roscoea praecox K. Schumann

形态特征：多年生小草本，高 7~15 cm。先花后叶，通常花期时无正常叶，或有时具有 1~2 片未充分发育的叶。花序隐藏叶鞘内；苞片披形，淡绿色；花单朵依次开放；紫色或白色；花冠裂片披针形；侧生退化雄蕊菱形；唇瓣反折，基部具白色条纹，顶部 2 裂至中部，有时裂片的先端微缺。

习性：生于海拔 2 200~3 000 m 的山坡灌丛或草地。适宜凉爽、潮湿的环境，秋末冬初进入休眠期，地上部分枯萎。种子和分株繁殖。

分布：中国云南。

观赏价值及应用：花形如"兰花"，姿态优雅，色彩美丽，适宜盆栽供观赏，也可用于岩石园或庭院石山点缀。

象牙参

Roscoea purpurea Smith

形态特征：多年生草本，高 25~55 cm。叶鞘淡紫红色或绿色，完全闭合呈管状；叶片椭圆形、披针形至长圆状倒卵形，基部稍耳状抱茎。穗状花序顶生，隐藏于叶鞘中，不外露；苞片长于花萼；花紫色、淡紫色、粉色、红色或白色；花冠背裂片狭椭圆形至椭圆形，长于 3 cm；侧生退化雄蕊白色、红色或淡紫色，斜匙形。

习性：生于海拔 1 500~3 200 m 的松林、灌丛或草地。适宜凉爽、潮湿的环境，秋末冬初进入休眠期，地上部分枯萎。种子和分株繁殖。

分布：中国西藏；不丹、尼泊尔、印度有分布。

观赏价值及应用：花形奇特，色彩丰富美丽，适宜盆栽供观赏，也可用于岩石园或庭院石山点缀。

267

无柄象牙参

Roscoea schneideriana (Loesener) Cowley

形态特征：多年生小草本，高 5~45 cm。叶片狭披针形至线形，无毛。穗状花序顶生，无花序柄或具不明显的短柄；花暗紫色、粉紫色或白色。

习性：生于海拔 2 000~3 500 m 的松林、灌丛或草地。适宜凉爽、潮湿的环境，秋末冬初进入休眠期，地上部分枯萎。种子和分株繁殖。

分布：中国四川、云南至西藏。

观赏价值及应用：花形奇特，色彩美丽，适宜盆栽供观赏，也可用于岩石园或庭院石山点缀。

268

绵枣象牙参

Roscoea scillifolia (Gagnepain) Cowley

形态特征：多年生小草本，高 10~25 cm。叶 1~5 枚；叶片披针形到线形，直径 1.5~2 cm。花序顶生；苞片绿色，基部 1 枚管状、包围花序；花黑紫色、粉红色、白色，偶有淡紫色，花单朵依次开放；花冠中央裂片椭圆形，侧裂片线状长圆形；花药白色。

习性：生于海拔 2 700~3 400 m 的山坡灌丛或草地。适宜凉爽、潮湿的环境，秋末冬初进入休眠期，地上部分枯萎。种子和分株繁殖。

分布：中国云南。

观赏价值及应用：花形优雅，色彩美丽，适宜盆栽供观赏，也可用于岩石园或庭院石山点缀。

藏象牙参

Roscoea tibetica Batalin

形态特征：多年生小草本，高 5~15 cm。叶片椭圆形。穗状花序顶生；花紫红色、蓝紫色或黄色。蒴果长圆形。

习性：生于海拔 1 800~4 270 m 的松林、灌丛或草地。适宜凉爽、潮湿的环境，秋末冬初进入休眠期，地上部分枯萎。种子和分株繁殖。

分布：中国四川、云南至西藏。

观赏价值及应用：花形奇特，色彩美丽，适宜盆栽供观赏，也可用于岩石园或庭院石山点缀。

拟耳叶象牙参（新拟）

Roscoea tumjensis Cowley

形态特征：多年生草本，高 30~50 cm。叶片长圆形至卵形，长 4~32 cm，基部耳形。穗状花序通常藏于叶鞘中；苞片短于花萼，具缘毛；花淡紫色、粉紫色、紫色至暗紫色；唇瓣宽倒卵形，长 3.2~5.5 cm，直径 2.2~4.5 cm，2 深裂。

本种叶的基部耳状，像耳叶象牙参，但后者的侧生退化雄蕊为白色。

习性：生于海拔 2 500~3 500 m 的山坡。适宜凉爽、潮湿的环境，秋末冬初进入休眠期，地上部分枯萎。种子和分株繁殖。

分布：原产于尼泊尔西部。

观赏价值及应用：花形如"兰花"，姿态优雅，色彩美丽，适宜盆栽供观赏，也可用于岩石园或庭院石山点缀。

苍白象牙参

Roscoea wardii Cowley

形态特征：多年生草本，高 14~30 cm。叶片椭圆形，背面苍白色，长 7~8 cm，直径 1.7~4.5 cm。花序通常藏于叶鞘中或外露出的部分很短；花深紫色；花冠中央裂片倒卵形的或宽椭圆形，侧裂片长圆形到线状长圆形；侧生退化雄蕊椭圆形；唇瓣反折，倒卵形，2 深裂，裂片基部具 3 白色的凸起条纹，先端微缺。

习性：生于海拔 2 400~3 960 m 的山坡灌丛或草地。适宜凉爽、潮湿的环境，秋末冬初进入休眠期，地上部分枯萎。种子和分株繁殖。

分布：中国西藏、云南；缅甸、印度有分布。

观赏价值及应用：花形优雅，色彩美丽，适宜盆栽供观赏，也可用于岩石园或庭院石山点缀。

滇象牙参

Roscoea yunnanensis Loesener

形态特征：多年生小草本，高 15~25 cm。叶片线形或线状披针形。穗状花序顶生，总花柄极短，藏于叶鞘中；花紫色、玫瑰红色、白色或天蓝色。

习性：生于海拔 2 800~3 500 m 的松林、灌丛或草地。适宜凉爽、潮湿的环境，秋末冬初进入休眠期，地上部分枯萎。种子和分株繁殖。

分布：中国四川、云南。

观赏价值及应用：花色彩美丽，适宜盆栽供观赏，也可用于庭院石山点缀。

拟山柰属（新拟）*Scaphochlamys* Baker

叶片不对称，背面通常紫色。花序顶生，从卵圆形至长圆形；苞片呈密集的覆瓦状排列；小苞片开裂至基部，全缘；花白色、红色或黄色；花冠管远长于苞片；侧生退化雄蕊花瓣状；唇瓣明显下垂，匙形至倒卵形；子房 1 室。蒴果近球形。

约 30 种。马来半岛特有，从泰国南部向南至新加坡分布。

拟山柰（新拟）

Scaphochlamys kunstleri (Baker) Holttum

形态特征： 多年生草本，高 18~25 cm。叶片长圆形或椭圆形，背面淡绿色至紫红色，不对称。穗状花序顶生；苞片卵圆形，螺旋状排列；花冠白色；侧生退化雄蕊花瓣状，白色；唇瓣倒卵形，白色，两侧有紫红色斑纹，边缘被毛；雄蕊白色。

习性： 生于山谷林下潮湿处。适宜温暖、潮湿的环境。分株繁殖。

分布： 原产于马来半岛。

观赏价值及应用： 株形矮小，叶色青翠，花形奇特，适宜盆栽观赏，也是优良的地被植物。

红花拟山柰（新拟）

Scaphochlamys kunstleri var. *rubra* (Ridley) Holttum

形态特征：与原种区别的主要特征在于花冠淡黄色，侧生退化雄蕊、唇瓣及雄蕊暗红色。

习性：生于山谷林下潮湿处。适宜温暖、潮湿的环境。分株繁殖。

分布：原产于马来半岛。

观赏价值及应用：株形矮小，叶色青翠，花形奇特，适宜盆栽观赏，也是优良的地被植物。

长果姜属 *Siliquamomum* Baillon

多年生草本，株形与山姜属相似。花序顶生，花少而稀疏；小花梗近先端有关节；花冠管狭长，顶端膨大呈钟状，长于花冠裂片；侧生退化雄蕊花瓣状，狭倒卵形；唇瓣倒卵形，顶端边缘波状；子房基部 3 室，顶部 1 室。蒴果近圆柱形，稍缢缩呈链荚状，熟果通常长于 10 cm。

约 3 种。分布于中国和越南；中国产 1 种。

长果姜

Siliquamomum tonkinense Baillon

形态特征：多年生草本，高 0.8~1.6 m。叶片长圆形，绿色。圆锥花序顶生，下垂，通常因发育不良而退化成总状花序；花冠淡黄白色；侧生退化雄蕊、唇瓣淡黄绿色，中脉具黄绿相间的色斑。蒴果呈链荚状，圆柱形。

习性：生于海拔约 800 m 的石灰岩森林中潮湿处。适宜温暖、潮湿的环境。种子和分株繁殖。

分布：中国云南；越南有分布。

观赏价值及应用：果实呈豆荚状，与姜科其他物种的果实不同，奇特而稀有，花晶莹剔透，形状奇特，色彩美丽，可作切花，也可用于庭院点缀供观赏。

管唇姜属 *Siphonochilus* J. M. Wood & Franks

株形与姜黄属近似。总状花序顶生或基生，每苞片有 1 花；无小苞片；花白色，黄色，蓝色或紫色；侧生退化雄蕊花瓣状；唇瓣显著，长于侧生退化雄蕊，2 或 3 裂；花药基着，花药附属物细长，花瓣状。蒴果肉质，近球形，三棱状。

约 15 种。产于热带非洲的季节性干旱地区和马达加斯加。

蓝花管唇姜（新拟）

Siphonochilus brachystemon (K. Schum.) B. L. Burtt

形态特征：多年生草本，高 15~30 cm。叶片长圆形或长圆状披针形。穗状花序基生；花冠白色；侧生退化雄蕊、唇瓣蓝紫色；雄蕊白色，药隔附属物白色。

习性：生于山谷或灌草丛中潮湿处。适宜温暖、潮湿的环境，秋末冬初进入休眠期，地上部分枯萎。分株繁殖。

分布：原产于东非坦桑尼亚、肯尼亚。

观赏价值及应用：花形奇特，色彩美丽，适宜盆栽供观赏。

粉花管唇姜（新拟）

Siphonochilus kirkii (Hook. f.) B. L. Burtt

形态特征：多年生草本，高 25~55 cm。叶片长圆形或宽椭圆形，正面绿色，下面苍白色。穗状花序基生；花冠白色；侧生退化雄蕊、唇瓣阔卵形，粉红色，中脉基部有金黄色斑块，两侧有 2 个深红色斑；花药白色，药隔附属物黄色。

习性：生于海拔约 1 200 m 的山谷或灌草丛中。适宜温暖、潮湿及半荫蔽的环境，秋末冬初进入休眠期，地上部分枯萎。分株繁殖。

分布：原产于坦桑尼亚、莫桑比克、肯尼亚、赞比亚、津巴布韦、马拉维、乌干达、苏丹、刚果（金）、纳米比亚。

观赏价值及应用：花形奇特，色彩美丽，适宜盆栽供观赏。

长管姜黄属（新拟）*Smithatris* W. J. Kress & K. Larsen

多年生草本，高可达 1.2 m。叶片披针形或椭圆形。花序顶生，花序梗长可达 1 m；苞片覆瓦状螺旋排列，顶端向外弯；花冠管狭长，长 2.2~2.5 cm，长于花冠裂片，裂片黄色；侧生退化雄蕊黄色，略短于花冠裂片；唇瓣黄色，被疏柔毛，深裂，裂片花时边缘反折；雄蕊黄色，花药非丁字形。蒴果不开裂。

约 2 种。生于石灰岩山区，分布于泰国、缅甸。

缅甸长管姜黄（新拟）

Smithatris myanmarensis W. J. Kress

形态特征：多年生草本，高 50~100 cm。叶片椭圆形，背面具细点。花序顶生；花序梗长 20~35 cm；苞片覆瓦状螺旋排列，两形，下部为可育苞片，亮绿色，顶端向外弯；上部为不育苞片，白色或粉红色；花冠狭长，裂片黄色；侧生退化雄蕊、唇瓣黄色。

习性：生于海拔约 500 m 的石灰岩地区常绿阔叶林下。适宜温暖、潮湿的环境。分株繁殖。

分布：原产于缅甸。

观赏价值及应用：花序奇特，适宜盆栽供观赏，也可片植于庭院或路旁观赏。

白苞长管姜黄（新拟）

Smithatris supraneeanae W. J. Kress & K. Larsen

形态特征：多年生草本，高 60~120 cm。叶片披针形或长椭圆形，有时近圆形或浅心形。花序顶生；花序梗直立，长 15~100 cm；苞片全可育，白色，顶端向外弯；花冠黄色；侧生退化雄蕊、唇瓣黄色。蒴果狭倒卵形，不开裂。

习性：生于海拔约 200 m 的石灰岩山地。适宜温暖、潮湿的环境。分株繁殖。

分布：原产于泰国（北标府）。

观赏价值及应用：这种植物在曼谷的花卉市场被誉为"暹罗白金"；花序奇特，适宜作切花及盆栽供观赏。在原产地泰国北标府的著名寺庙 Phra Puttha Bat 附近的市场有大量的切花出售，作为佛教仪式的使用植物，被誉为"佛的足迹"（Kress et al., 2003）。

土田七属 *Stahlianthus* Kuntze

花组成头状花序，被一钟状总苞所包围；退化雄蕊花瓣状；唇瓣白色，很少紫色或粉红色，先端微凹或2裂。种子球状。

约6种。分布于柬埔寨、印度、老挝、缅甸、泰国、越南；中国产1种。

土田七

Stahlianthus involucratus (King ex Baker) Craib ex Loesener

别名：姜三七、姜田七、竹叶三七

形态特征：多年生草本，高20~35 cm。根状茎内面棕黄色，具浓郁的香辛味，根尖具长圆状块根。叶片绿色或带淡紫色。花聚生于一钟状总苞中；侧生退化雄蕊花瓣状，被白色短腺毛；唇瓣倒卵状匙形，白色，两面密被白色短腺毛，中部具一杏黄色斑块。

习性：生于林下或荒坡。适宜温暖、潮湿的环境，秋末冬初进入休眠期，地上部分枯萎。分株繁殖。

分布：中国广东、广西、云南、福建；印度、缅甸、泰国有分布。

观赏价值及应用：可盆栽供观赏，也可用于林下作地被植物。根状茎药用，有散瘀消肿、活血止血、行气止痛功效，用于跌打损伤、风湿骨痛、月经过多、外伤出血、吐血衄血等。

姜属 *Zingiber* Miller

根状茎肉质，肥大，块状，具芳香气味。叶柄肿胀如叶枕。穗状花序通常基生，稀侧生（自假茎的叶鞘穿鞘而出）或顶生；苞片密集呈覆瓦状，每苞片内有 1 花；侧生退化雄蕊与唇瓣贴生，形成 3 浅裂的唇瓣，或无侧裂片；药隔具附属物，伸长并包裹住花柱。

100~150 种。产于亚洲热带与亚热带地区；中国产 45 种。

匙苞姜

Zingiber cochleariforme D. Fang

形态特征： 常绿草本，高 1~1.8 m。根状茎块状，内面淡黄色。假茎基部的叶鞘密被紫红色斑点。穗状花序基生；苞片楔状匙形至长圆形，淡紫红色或白色；花冠黄白色或米黄色；唇瓣中裂片倒披针形，顶端紫色或红色，通常具 2~3 枚小齿。蒴果成熟时红色。

习性： 生于山谷密林中潮湿处。适宜温暖、潮湿的环境。种子和分株繁殖。

分布： 中国广西（隆林）、云南（马关）。

观赏价值及应用： 叶片色彩美丽，花姿优雅，可盆栽供观赏，或用于林下作地被植物。根状茎药用，有温中散寒、止呕开胃作用，外用治风湿骨痛。

花叶姜（新拟）

Zingiber collinsii Mood & Theilade

形态特征：常绿草本，假茎高 30~100 cm。叶片椭圆形或长圆形，正面暗绿色，侧脉之间有银色条纹，背面暗酒红色。穗状花序基生，纺锤形；苞片橙色；花冠浅黄色；唇瓣淡黄色，中裂片三角形，具暗紫色方格斑纹。

习性：生于次生林中潮湿处。适宜温暖、潮湿的环境。种子和分株繁殖。

分布：原产于越南。

观赏价值及应用：叶片正面绿白色相间，背面暗酒红色，花姿优雅，可盆栽供观赏，或作林下地被植物。

珊瑚姜

Zingiber corallinum Hance

形态特征：多年生落叶草本，高60~120 cm。叶鞘、叶舌及叶片背面密被短毛。穗状花序基生，花序梗长8~20 cm；苞片花时绿色，花后变成红色；花冠淡黄色，具暗紫红色小斑点；唇瓣浅黄色。蒴果紫红色，3瓣开裂。

本种与紫姜相似，区别在于苞片绿色（花时），花冠裂片有暗紫红色斑点。

习性：生于密林中潮湿处。适宜温暖、潮湿的环境，秋末冬初进入休眠期，地上部分枯萎。种子和分株繁殖。

分布：中国广东、广西、海南；缅甸、老挝、泰国（清迈）也有分布。

观赏价值及应用：可用于庭院点缀供观赏。根状茎药用，具有消肿、散瘀、解毒功效，药理试验有抗菌的作用。

多毛姜

Zingiber densissimum S. Q. Tong & Y. M. Xia

形态特征：多年生草本，高 40~70 cm。叶聚生在假茎顶；叶舌、叶柄及叶背面密被银色长柔毛。花序基生，狭卵球形或卵球形；苞片先端红色；花白色；唇瓣扇形，中央裂片倒卵形，先端微缺。蒴果卵球形。

习性：生于混交林中潮湿处。适宜温暖、潮湿的环境。种子和分株繁殖。

分布：中国云南西南部；泰国北部也有分布。

观赏价值及应用：可用于庭院点缀供观赏。

侧穗姜

Zingiber ellipticum (S. Q. Tong & Y. M. Xia) Q. G. Wu & T. L. Wu

别名：椭圆姜

形态特征：多年生常绿草本，高 60~100 cm。根状茎内面淡紫红色。穗状花序自假茎离地面 5~15 cm 处穿鞘而出；苞片黄白色或浅黄绿色；唇瓣 3 浅裂，紫红色；侧裂片黄色具紫色斑点。蒴果黄绿色，三棱倒卵状形。

习性：生于海拔约 600 m 的密林中潮湿处。适宜温暖、潮湿的环境。种子和分株繁殖。

分布：中国云南（马关）。

观赏价值及应用：花姿优雅，可盆栽供观赏，也可作林下地被植物。

峨眉姜

Zingiber emeiense Z. Y. Zhu

形态特征：多年生落叶草本，高 50~120 cm。根状茎细圆柱形，长可达 60 cm。穗状花序基生，卵状椭圆形；苞片紫红色；花冠管紫红色；唇瓣 3 裂，蓝紫红色。蒴果紫红色，椭圆形；种子紫红色。

习性：生于海拔 400~850 m 的沟边、荒坡、林下阴湿处。适宜温暖、潮湿的环境，秋末冬初进入休眠期，地上部分枯萎。种子和分株繁殖。

分布：特产于中国四川（峨边、沐川、峨眉、乐山、夹江、洪雅、灌县）。

观赏价值及应用：花姿优雅，可盆栽供观赏，也可作林下地被植物。根状茎入药，可补血、养心、止咳，用于治疗心累、心悸、咳嗽、失眠等。

变色姜（新拟）

Zingiber gracile Jack

形态特征：多年生草本，高 1.2~2 m。假茎细弱，被短柔毛；叶片狭椭圆形。穗状花序基生，花序梗纤细，长 10~20 cm；苞片花时黄色或橙色，果时渐变成淡粉红色或淡紫红色；花冠淡黄色，唇瓣淡黄色。蒴果无毛；种子椭圆形。

习性：生于密林中潮湿处。适宜温暖、潮湿的环境。种子和分株繁殖。

分布：原产于马来西亚。

观赏价值及应用：花序苞片如变色龙般善变，从幼时的黄绿色，开花时变成黄色或橙色，到果时变成淡粉红色或淡紫红色，非常引人注目，可观赏时间长，适宜盆栽供观赏。

古林姜

Zingiber gulinense Y. M. Xia

形态特征：多年生草本，高 40~80 cm。叶舌 2 裂，假茎基部的叶鞘紫红色；叶片椭圆形，长 10~18 cm，基部楔形，先端渐尖。头状花序基生，苞片紫红色；唇瓣紫色，具白色小圆点。蒴果紫色，卵球形。

习性：生于海拔 200~600 m 山谷密林中潮湿处。适宜温暖、潮湿的环境。种子和分株繁殖。

分布：中国云南（马关）。

观赏价值及应用：可用于庭院点缀供观赏。

海南姜（新拟）

Zingiber hainanense Y. S. Ye, L. Bai & N. H. Xia

形态特征：多年生草本，高 60~100 cm。根状茎肉质，老茎内面中央白色至淡黄色，外层淡紫色，嫩茎深紫色。假茎基部的叶鞘紫红色。穗状花序基生，不育苞片深紫红色，花冠粉红色；唇瓣 3 裂；中裂片线形或披针形，紫红色，基部奶白色，顶端分叉或全缘；侧裂片线形，紫红色。蒴果成熟时红色，3 瓣开裂。

习性：生于海拔 200~850 m 的密林沟谷和路旁潮湿处。适宜温暖、潮湿的环境，秋末冬初进入休眠期，地上部分枯萎。种子和分株繁殖。

分布：特产于中国海南。

观赏价值及应用：花清秀、优雅，唇瓣如古代武器"三叉戟"，果实成熟裂开时红色，种子被白色物体包围，观赏价值很高，适合盆栽或用于庭院点缀。

长舌姜

Zingiber longiligulatum S. Q. Tong

形态特征：多年生草本，高 1~1.3 m，假茎基部的叶鞘紫红色。叶舌长 4~5 cm，被白色短柔毛；叶片背面被白色短柔毛。花序基生；苞片被白色短柔毛，先端渐尖；花冠淡黄色；唇瓣淡黄色，舌状全缘，无侧裂片；药隔附属物橙色。

习性：生于海拔 600~900 m 的山谷密林潮湿处。适宜温暖、潮湿的环境，秋末冬初进入休眠期，地上部分枯萎。种子和分株繁殖。

分布：中国云南（盈江）。

观赏价值及应用：可作林下地被植物。

蘘荷

Zingiber mioga (Thunberg) Roscoe

别名：野姜

形态特征：多年生落叶草本，高 60~120 cm。根状茎内面淡黄色。穗状花序基生；苞片紫黑色、红色或红绿色；花冠黄色或淡黄色；唇瓣 3 浅裂，黄色或淡黄色，中裂片卵形。蒴果倒卵状球形，红色。

习性：生于林中的沟谷及林缘路旁潮湿处。适宜温暖、潮湿的环境，秋末冬初进入休眠期，地上部分枯萎。种子和分株繁殖。

分布：中国广东、广西、海南、湖南、贵州、江苏、江西、云南、浙江、安徽、陕西南部（秦岭南坡）；日本有分布。

观赏价值及应用：适合盆栽供观赏或用于庭院点缀。嫩花序和嫩叶可作时令野菜食用。根状茎药用，主治感冒咳嗽、气管炎、哮喘、风寒牙痛、脘腹冷痛、跌打损伤、腰腿痛、月经错乱、经闭、白带；外用治皮肤风疹、淋巴结核；花序可治咳嗽，配生香榧治小儿百日咳有显效。

斑蝉姜

Zingiber monglaense S. J. Chen & Z. Y. Chen

形态特征：多年生落叶草本，高1.1~2 m。根状茎块状，内面淡紫红。叶舌膜质，薄如蝉翼，长 4.5~8 cm，2 裂。穗状花序基生，苞片红色，倒卵形；花冠裂片红色；唇瓣侧裂片紫褐色，有黄色斑点；药隔附属物淡蓝色，长 11~14 mm；子房白色。

习性：生于海拔约 800 m 的林中沟谷及林缘路旁潮湿处。适宜温暖、潮湿的环境，秋末冬初进入休眠期，地上部分枯萎。种子和分株繁殖。

分布：中国云南南部。

观赏价值及应用：苞片、花冠红色，唇瓣有黄色斑点，十分美丽，适宜盆栽供观赏。

紫姜

Zingiber montanum (J. König) Link ex A. Dietrich

别名：紫色姜、野姜

形态特征：多年生草本，高 100~150 cm。叶片长圆状披针形或线状披针形。穗状花序基生，长圆形，长 10~15 cm；花序梗长 8~25 cm；苞片紫褐色（花时），边缘淡绿色，果时变红色；花冠淡黄色，无斑点；唇瓣淡黄色。蒴果卵形。

习性：生于林缘或山谷潮湿处。适宜温暖、潮湿的环境，秋末冬初进入休眠期，地上部分枯萎。种子和分株繁殖。

分布：原产于缅甸、柬埔寨、印度、斯里兰卡；中国云南南部和广东（广州）有栽培。

观赏价值及应用：花序直立，苞片在花期为紫褐色，果期变为红色，可用于园林绿化。根状茎药用，治腹泻与腹痛，但无解毒作用，也作姜的代用品（童绍全，1997）。

截形姜

Zingiber neotruncatum T. L.Wu, K. Larsen & Turland

形态特征：多年生常绿草本，高 1~1.5 m。根状茎块状，内面淡黄色，具有很像"姜"的芳香味。假茎基部的叶鞘紫红褐色，叶舌顶端截形，叶片狭披针形或椭圆形。穗状花序基生，花序梗直立；苞片红色或红褐色，花白色。

习性：生于海拔约 800 m 的林中潮湿处。适宜温暖、潮湿的环境。种子和分株繁殖。

分布：中国云南南部和西部。

观赏价值及应用：花序直立，苞片红色，可用于庭院角隅点缀。

泰国红穗姜

Zingiber newmanii Theilade & Mood

形态特征：多年生常绿草本，高 100~300 cm。叶舌 2 裂，长约 1 cm；叶片长圆形，两面无毛。穗状花序基生，卵形，长 8~15 cm，直径 4~6 cm；花序柄匍匐，长 5~15 cm；苞片鲜红色，无毛；唇瓣紫红色，间有奶黄色斑点。

习性：生于海拔 200~400 m 的林下潮湿处。适宜温暖、潮湿的环境。种子和分株繁殖。

分布：原产于泰国。

观赏价值及应用：常绿草本，苞片鲜红色，可观赏期长，花色美丽，适宜盆栽供观赏，也可丛植或片植于庭院供观赏。

296

光果姜

Zingiber nudicarpum D. Fang

形态特征：多年生常绿草本，高 100~180 cm。根状茎内面白色；叶片椭圆状、长圆形或披针形，两面无毛。穗状花序基生，纺锤形；苞片红色，内充满芳香的黏液；唇瓣紫红色，间有淡黄色斑点。蒴果光滑，无毛。

习性：生于海拔 200~400 m 的林下潮湿处。适宜温暖、潮湿的环境。种子和分株繁殖。

分布：中国广西、海南。

观赏价值及应用：常绿草本，花色美丽，花期长，苞片鲜红色，适宜盆栽供观赏，也可用于庭院角隅点缀。根状茎药用，治风湿痹痛。

姜
Zingiber officinale Roscoe

形态特征： 多年生落叶草本，高60~120 cm。根状茎肥厚，内面淡黄色至黄色，具强烈香辣味。叶片线状披针形。穗状花序基生，苞片苍绿色，花冠橙黄色；唇瓣3裂，紫红色，被米黄色斑点；药隔附属物紫红色，弯曲。

习性： 适宜温暖、潮湿、排水良好的环境，秋末冬初进入休眠期，地上部分枯萎。分株繁殖。

分布： 起源于中国古代黄河流域和长江流域之间的地区（吴德邻，1985），各地广泛栽培。热带亚热带地区也广泛栽培。

观赏价值及应用： 花色美丽，可用于庭院角隅点缀。根状茎药用，干姜（干燥的根状茎）主治脘腹冷痛、泄泻、肢冷脉微、寒饮喘咳；生姜（新鲜的根状茎）主治风寒感冒、胃寒呕吐、寒痰咳嗽、鱼蟹中毒（国家药典委员会，2010）。生姜中含有挥发油、姜辣素和二苯基庚烷3大类成分，此外尚含有游离氨基酸、淀粉等物质。药理表明，具有抗氧化、改善脂质代谢、改善心脑血管系统功能、防辐射、抗炎、抗微生物、抗肿瘤、降血糖等作用（胡炜彦等，2008）。可作食用调料，也可制成酱菜、糖姜等商品，市场上有出售。全株均可提取芳香油，用于食品和化妆品香料等。

圆瓣姜

Zingiber orbiculatum S. Q. Tong

形态特征：多年生落叶草本，高 1.2~2.2 cm。根状茎内面淡黄色。叶鞘被蜡质白粉，无毛；叶舌绿白色，或中下部密被紫红色小斑点，被白粉；叶枕红色；叶片狭披针形。穗状花序基生，苞片红色，花冠白色；唇瓣白色，中裂片圆形。蒴果长圆形，淡紫红色。

习性：生于海拔约 600 m 的林中或路旁潮湿处。适宜温暖、潮湿的环境，秋末冬初进入休眠期，地上部分枯萎。种子和分株繁殖。

分布：中国云南（勐腊、景洪、思茅、马关）。

观赏价值及应用：可用于庭院角隅点缀，也可用于林下作地被植物。

拟红球姜（新拟）

Zingiber ottensii Valeton

形态特征：多年生草本，高 80~130 cm。根状茎内面暗紫红色；假茎基部的叶鞘紫红褐色。叶舌外面疏被红色小斑点；叶片长圆状披针形或椭圆形。穗状花序基生，苞片紫红褐色，花冠奶黄色；唇瓣 3 裂，浅奶黄色，具淡紫红色斑。蒴果长圆形，红色。

习性：生于林下潮湿处。适宜温暖、潮湿、排水良好的环境。种子和分株繁殖。

分布：原产于马来西亚、泰国、印度尼西亚；中国广东（广州）和云南（西双版纳）有引种栽培。

观赏价值及应用：可作庭院观赏植物，也可用于林下绿化。根状茎药用。

弯管姜

Zingiber recurvatum S. Q. Tong & Y. M. Xia

形态特征：多年生常绿草本，高 1.5~2 m。假茎粗壮，基部的叶鞘紫红色。叶柄紫红色；叶片椭圆形或长圆形，背面紫红色，密被短柔毛。穗状花序基生，红色；花冠红色或淡红色；唇瓣 3 裂，基部白色，中部至顶端密被红色斑点。蒴果红色，三棱状狭卵形。

习性：生于海拔 600~700 m 的林中或路旁潮湿处。适宜温暖、潮湿的环境。种子和分株繁殖。

分布：中国云南南部。

观赏价值及应用：花序红色，花期长，叶背紫红色，可作庭院观赏植物，也可用于林下绿化。

红冠姜

Zingiber roseum (Roxburgh) Roscoe

形态特征：多年生落叶草本，高 90~150 cm。叶片长圆状披针形或长圆形。穗状花序基生，椭圆形，鲜红色；花冠红色；唇瓣不明显的 3 浅裂，白色，短于花冠裂片；雄蕊橙黄色，长于或等长唇瓣，药隔附属物橙黄色。

习性：生于海拔 700~900 m 的林中或路旁潮湿处。适宜温暖、潮湿的环境，秋末冬初进入休眠期，地上部分枯萎。种子和分株繁殖。

分布：中国云南西南部；印度、缅甸、泰国有分布。

观赏价值及应用：花序红色，可盆栽或用于庭院点缀布置，也可用于林下绿化。根状茎药用，治胃脘痛、风湿骨痛。

302

蜂巢姜
Zingiber spectabile Griffith

形态特征：多年生落叶草本，高 100~180 cm。叶片长圆状披针形，绿色。穗状花序基生，从近球形延长至圆柱形，长 8~30 cm，花序梗长可达 30 cm；苞片红色、粉色、黄色或紫红色；花冠淡黄色至白色；唇瓣 3 裂，暗紫红色，疏被浅黄色斑点；药隔附属物暗紫红色。种子棕黑色，被白色假种皮。

习性：生于山谷林下或路旁潮湿处。适宜温暖、潮湿的环境。种子和分株繁殖。

分布：原产于泰国、马来西亚。

观赏价值及应用：花序犹如小型的蜂巢，色彩丰富，造型迷人，适宜盆栽供观赏，也可用于庭院点缀，花序可作切花材料。

阳荷

Zingiber striolatum Diels

形态特征：多年生草本，高 50~120 cm。根状茎内面白色。叶片披针形或椭圆状披针形。穗状花序基生，近卵形；花冠白色或淡黄色；唇瓣 3 浅裂，倒卵形，白色至浅紫色。蒴果 3 瓣开裂，果皮内面红色。

习性：生于海拔 300~1 900 m 的山坡和山谷潮湿处。适宜温暖、潮湿的环境，秋末冬初进入休眠期，地上部分枯萎。种子和分株繁殖。

分布：中国广东、广西、贵州、湖北、湖南、江西、四川。

观赏价值及应用：用于庭院点缀。嫩花序可作蔬菜食用或制作泡菜。根状茎具有活血调经、镇咳祛痰、消肿解毒、消积健胃等功效。

柱根姜

Zingiber teres S. Q. Tong & Y. M. Xia

形态特征：多年生草本，高 60~100 cm。根状茎圆柱状，芳香。叶片狭披针形。花序基生，花序梗纤细，长 6~20 cm；苞片紫红褐色，花冠黄色；唇瓣 3 裂，裂片黄色，具紫红色条纹。蒴果长圆形；种子倒卵形。

习性：生于海拔 900~1 200 m 的山谷密林中潮湿处。适宜温暖、潮湿的环境。种子和分株繁殖。

分布：中国云南（勐连）；泰国北部有分布。

观赏价值及应用：花黄色，唇瓣有紫红色条纹，可作林下地被植物。

肿苞姜（新拟）

Zingiber ventricosum L. Bai, Škorničková, N. H. Xia & Y. S. Ye

形态特征： 多年生落叶草本，高 80~120 cm；根状茎圆柱状，长可达 30 cm。穗状花序基生，长椭圆形；苞片中下部向外一侧肿胀，紧密包围花序，顶端渐尖，反折，与花序明显分离；花冠红色或红黄色，唇瓣 3 裂，黄色或淡黄色。蒴果熟时红色，3 瓣开裂。

习性： 生于山谷林下或路旁潮湿处。适宜温暖、潮湿的环境，种子和分株繁殖。

分布： 中国云南（景洪、勐海）。

观赏价值及应用： 可盆栽或用于庭院点缀供观赏，也可用于林下绿化。

版纳姜

Zingiber xishuangbannaense S. Q. Tong

形态特征： 多年生落叶草本，高 60~100 cm。叶片椭圆形或狭披针形。穗状花序基生，红色或黄绿色，椭圆形或披针形，匍匐于地面；花冠红色；唇瓣 3 裂，黄色，无斑点。蒴果三棱状梨形，红色。

习性： 生于海拔约 800 m 的山谷林下或路旁潮湿处。适宜温暖、潮湿的环境。种子和分株繁殖。

分布： 中国云南（西双版纳、盈江）。

观赏价值及应用： 适宜盆栽供观赏，或用于庭院点缀。

盈江姜

Zingiber yingjiangense S. Q. Tong

形态特征：多年生草本，高 90~130 cm。叶鞘密被白色短柔毛；叶柄正面红色，背面黄绿色。穗状花序基生，长圆形；苞片红色、淡红色或红绿色，花冠红色或淡红色；唇瓣全缘，橙黄色或淡黄色。蒴果外面疏被短柔毛。

习性：生于海拔 800~1 000 m 的山谷林下或路旁潮湿处。适宜温暖、潮湿的环境，秋末冬初进入休眠期，地上部分枯萎。种子和分株繁殖。

分布：中国云南（盈江）。

观赏价值及应用：花序红色，花橙黄色，可盆栽供观赏，或用于庭院点缀。

云南姜

Zingiber yunnanense S. Q. Tong & X. Z. Liu

别名：滇姜

形态特征：多年生草本，高 0.8~1.5 m，基部具紫红色鞘。穗状花序基生，椭圆形；苞片紫红色，花冠上部红色；唇瓣 3 裂，裂片白色，具紫色的线纹；药隔附属物淡紫色。

习性：生于海拔 1 500~1 900 m 的林下或林缘路旁潮湿处。适宜凉爽、潮湿的环境。种子和分株繁殖。

分布：中国云南（腾冲）。

观赏价值及应用：花冠上部红色，唇瓣紫色，适宜盆栽供观赏。

红球姜

Zingiber zerumbet (Linnaeus) Roscoe ex Smith

形态特征：多年生落叶草本，高 60~160 cm。根状茎块状，内面淡黄色。叶鞘绿色。穗状花序基生；苞片绿色（花时），老时红色；花冠淡黄色；唇瓣 3 裂，浅黄色；药隔附属物淡黄色。蒴果椭圆形；种子黑色。

习性：生于山谷林下或路旁潮湿处。适宜温暖、潮湿的环境，秋末冬初进入休眠期，地上部分枯萎。种子和分株繁殖。

分布：中国广东、广西、云南、台湾；缅甸、柬埔寨、老挝、越南、泰国、印度、马来西亚、斯里兰卡有分布。

观赏价值及应用：花序由绿色变成红色，适宜盆栽供观赏，花序可作切花材料。根状茎药用，用于脘腹胀满、消化不良、跌打肿痛。嫩茎叶可当蔬菜。

闭鞘姜科 Costaceae (Meisner) Nakai

多年生、陆生草本，从匍匐小草本（单叶闭鞘姜）到高可达 6 m 大型草本（双室闭鞘姜及小唇闭鞘姜属的部分物种），非芳香植物。具肉质的地下茎，通常称之为根状茎。地上茎（叶茎）通常长，圆柱状，通常螺旋状旋转，多叶，第 2 年生的茎常有分枝（闭鞘姜、光叶闭鞘姜），分枝穿破叶鞘生出。叶螺旋状排列，单叶，茎基部的通常退化成无叶的管状鞘；叶鞘管状，闭合；叶舌、叶柄通常短；叶片长圆形、近圆形、披针形到线形，在芽期卷曲，无毛或有毛，全缘。穗状花序圆锥状或球果状，或极少数退化成单花（单花闭鞘姜）；顶生（闭鞘姜），或基生（光叶闭鞘姜），或自叶腋生出（单花闭鞘姜属）；苞片覆瓦状排列，顶端下面有分泌花蜜的胼胝体，1 或 2 花；花两性，上位，左右对称；花萼管状，顶端具 2 或 3 裂片或小齿；花冠下部管状，顶端 3 裂片；退化雄蕊 5 枚，融合成为一花瓣状的唇瓣，大而显著，边缘皱波状（长圆闭鞘姜、双室闭鞘姜），或内卷成管状（宝塔闭鞘姜），或较小，5 裂（小唇闭鞘姜属）；能育雄蕊 1 枚，通常花瓣状；子房下位，3 室（鞘姜属）或 2 室（双室闭鞘姜属、单花闭鞘姜属），中轴胎座。果为蒴果，开裂或不裂，先端有宿存的花萼；种子多数，黑色，具假种皮。

约 4 属 120 种。泛热带地区分布，多样性中心在热带美洲；中国产 1 属 5 种。本书描述 4 属 31 种。

闭鞘姜属 Costus Linnaeus

根状茎块状，肉质。地上茎圆柱状，通常螺旋状旋转，多叶，第二年生的常有分枝，很少近无茎（山柰叶闭鞘姜）。叶鞘圆柱状；叶片长圆形、披针形到线形。穗状花序圆锥状，顶生或基生，密集多花；苞片覆瓦状，1 或 2 花；花萼管状，先端浅裂或具齿；花冠管等长或长于花萼；唇瓣倒卵形，较大，平展（闭鞘姜、长圆叶闭鞘姜），或较小，内卷成管状（宝塔闭鞘姜、纸苞闭鞘姜）；雄蕊花瓣状，药室线形；子房 3 室；花柱丝状，柱头漏斗状，无退化花柱。蒴果近球形或卵圆形，木质；种子黑色或褐色，多数，具有撕裂状假种皮。

约 90 种。泛热带分布，热带美洲为多样性中心；中国产 5 种。本书描述 4 属 31 种。

宝塔闭鞘姜（新拟）

Costus barbatus Suessenguth

别名：宝塔姜、红苞闭鞘姜

形态特征：多年生草本，高 1.5~2.5 m。叶鞘绿色，直径 10~17 mm，密被短绒毛；叶片披针形或长椭圆形，背面密被绢毛。穗状花序顶生，长 4~20 cm；苞片红色；花冠黄色；唇瓣宽卵形，内卷管状，金黄色，外面密被短柔毛。蒴果椭圆形。

习性：喜肥沃、疏松、土层深厚的微酸性土壤。适宜温暖、潮湿和半荫蔽的环境，生长适温为 18~30℃，能忍受短暂 0℃低温和轻微的霜冻。种子、珠芽、扦插和分株繁殖。

分布：原产于哥斯达黎加；中国南方地区有引种栽培。

观赏价值及应用：姿态优雅，四季青绿，花和苞片兼美，适应性强，为最常见的一种观赏闭鞘姜植物，可丛植于庭院角隅点缀或用于园林造景；花序可作切花，瓶插时长可达半月；花可食用，味美酸甜。

纸苞闭鞘姜（新拟）

Costus chartaceus Maas

形态特征：多年生草本，高 50~90 cm。叶鞘具条纹；叶柄密被锈色毛；叶片绿色，背面密被柔毛，边缘具长毛。花序顶生；苞片纸质，红色，无毛；花冠白色或粉白色；唇瓣内卷成管状，紫红色，长约 2.5 cm；雄蕊瓣状，狭椭圆形。蒴果近球形，无毛；具黑色种子。

习性：喜肥沃、疏松、土层深厚的土壤，或用泥炭土和珍珠岩混合作栽培基质，并施缓释肥料栽培。适宜温暖、潮湿和半荫蔽的环境，生长适温为 22~30℃。种子、扦插和分株繁殖。

分布：原产于南美洲哥伦比亚、厄瓜多尔、秘鲁；中国科学院华南植物园有引种栽培。

观赏价值及应用：适宜丛植于庭院或假山点缀，也可盆栽供观赏，是理想的室内观赏花卉。

红舌闭鞘姜（新拟）

Costus claviger Benoist

形态特征：多年生草本，高 0.3~3 m。叶鞘通常略带红色；叶舌紫红色；叶片背面常略带红色，被短柔毛。花序顶生，卵球形，长 6~16 cm，果期时可延长至 30 cm；苞片暗红色；花冠黄色；唇瓣黄色，宽倒卵形，两侧裂片通常具暗红条纹；雄蕊白色。蒴果椭球形。

习性：喜肥沃、疏松、土层深厚的土壤。适宜温暖、潮湿和半荫蔽的环境，生长适温为 22~32℃，不耐寒，怕霜冻。种子、扦插和分株繁殖。

分布：原产于南美洲的圭亚那、哥伦比亚、巴西东南部和秘鲁；中国南方地区有引种栽培。

观赏价值及应用：植株细弱，弯曲，略带红色，叶舌紫红色，叶螺旋状着生，甚为雅致，可丛植于庭院角隅点缀。

315

大苞闭鞘姜

Costus dubius (Afzelius) K. Schumann

形态特征：多年生草本，高 1.2~2.2 m。叶舌革质，长 3~5 mm，平截；叶片绿色，披针形或长椭圆形。穗状花序自基部生出，球形至圆柱形，长 5~18 cm，具长柄；花白色。蒴果黄绿色；种子细小，黑色，被白色假种皮。

习性：喜肥沃、疏松、土层深厚的土壤。适宜温暖、潮湿和半荫蔽的环境，极耐阴，不耐寒冷，极怕长时冷雨和霜冻天气，在华南地区如果地上部分枯萎，多数的根状茎会在春花开时萌发出新芽。种子、扦插和分株繁殖，种子萌发能力极强。

分布：原产于非洲的刚果、喀麦隆、中非共和国、加蓬、几内亚、尼日利亚、塞拉利昂；中国南方地区有引种栽培。

观赏价值及应用：形态优雅，花多且花期长，极耐阴，植于大树下可减轻或避免冻害，可丛植于庭院角隅点缀或用于园林造景。

单叶闭鞘姜（新拟）

Costus englerianus K. Schumann

形态特征：多年生、匍匐小草本。茎短、匍匐，顶端具有1叶；叶片近圆形，椭圆形或倒卵形，正面绿色。穗状花序顶生；花冠白色或淡绿色；唇瓣白色，中部黄色。

习性：喜肥沃、疏松、土层深厚的土壤。适宜温暖、潮湿和半荫蔽的环境。种子、扦插和分株繁殖。

分布：原产于热带非洲的科特迪瓦到尼日利亚，赤道几内亚的费尔南多波岛及喀麦隆；中国南方地区有引种栽培。

观赏价值及应用：单叶匍匐草本，为优良观叶植物，可盆栽于阳台、客厅供观赏，适宜作耐阴的地被植物。

美叶闭鞘姜

Costus erythrophyllus Loesener

形态特征：多年生草本，高 0.5~1.5 m。叶鞘绿色，直径 8~20 mm；叶片狭椭圆形，正面绿色，背面暗红色。花序顶生，卵形，长 4~8 cm；苞片暗红色，宽卵形，被绒毛；花冠白色；唇瓣白色，具有红色条纹，中部有 2 条黄带。

习性：喜肥沃、疏松、土层深厚的土壤。适宜温暖、潮湿和半荫蔽的环境。种子、扦插和分株繁殖。

分布：原产于南美洲哥伦比亚、秘鲁、厄瓜多尔和巴西；中国南方地区有引种栽培。

观赏价值及应用：叶色美观，花色艳丽，为优良的观花、观叶植物，可丛植于庭院角隅点缀，也可盆栽于阳台、客厅供观赏。

裂舌闭鞘姜（新拟）

Costus fissiligulatus Gagnepain

形态特征：多年生草本，高 25~65 cm。叶鞘具条纹，被柔毛；叶舌干膜质，暗褐色，披针形，2 裂，具缘毛；叶片背面被小柔毛。花序顶生；苞片绿色，每苞片内具单花；花冠裂片白色或淡粉色；唇瓣喇叭状，玫瑰红色，中部有黄色斑，边缘波状；雄蕊瓣状，淡粉色或间有橙黄色。

习性：喜肥沃、疏松、土层深厚的土壤，或用泥炭土和珍珠岩混合作栽培基质，并施缓释肥料栽培。适宜温暖、潮湿和半荫蔽的环境，生长适温为 22~30℃。种子、扦插和分株繁殖。

分布：原产于非洲中西部的加蓬；中国科学院华南植物园有引种栽培。

观赏价值及应用：花大玫瑰红色，可丛植于庭院、公园、林缘或假山点缀，也可盆栽供观赏，为理想的室内观赏花卉。

拟光叶闭鞘姜（新拟）

Costus globosus Blume

形态特征：多年生草本，高 2~3 m。假茎被叶鞘覆盖。叶鞘被短柔毛至无毛；叶片椭圆形或狭倒卵形，基部楔形，顶端渐尖，无毛。花序基生，近球形，直径 6~8 cm；花序梗长 3~15 cm；苞片被毛；花冠粉色至暗红色，或橙黄色；花黄色，橙色、粉色至暗红色。

习性：喜肥沃、疏松的土壤，适宜温暖、潮湿和半荫蔽的环境，生长适温为 22~32℃。种子、扦插和分株繁殖。

分布：原产于印度尼西亚（爪哇岛）、马来半岛至泰国；中国南方地区有引种栽培。

观赏价值及应用：株形挺拔，花自基部生出，极为雅致，可丛植于庭院角隅、大树下装饰。

锈毛闭鞘姜（新拟）

Costus lasius Loesener

形态特征： 多年生草本，茎细长，高 0.5~1.8 m。叶鞘、叶舌、叶柄，密被铁锈色毛；叶片两面密被锈色长柔毛。花序顶生，卵形或纺锤形，直立或稍下垂；苞片黄色至淡橙色，偶见有红色，下部的被锈色短柔毛；花冠黄色至淡橙色；唇瓣内卷成管状，黄色；雄蕊黄色。蒴果近球形，无毛；种子黑色。

习性： 喜肥沃、疏松、土层深厚的土壤。适宜温暖、潮湿和半荫蔽的环境，生长适温为 22~32℃，不耐寒，怕霜冻。种子、扦插和分株繁殖。

分布： 原产于南美洲巴拿马、哥伦比亚和巴西；中国南方地区有引种栽培。

观赏价值及应用： 植物细长，苞片黄色至淡橙色或红色，适宜庭院、公园、绿地栽培，也可盆栽于阳台、客厅供观赏。

加蓬闭鞘姜（新拟）

Costus letestui Pellegrin

形态特征： 多年生草本，高 30~60 cm。地上茎细弱。叶鞘黄绿色，后变成褐色；叶片厚革质，倒卵形或椭圆形。花序基生或顶生；花白色；苞片淡绿色；花萼黄绿色；花冠裂片白色，顶端淡绿色；唇瓣白色，边缘具有不规则小齿，中部有黄色斑；雄蕊白色。

习性： 喜肥沃、疏松、土层深厚的土壤，或用泥炭土和珍珠岩混合作栽培基质，并施缓释肥料栽培。适宜温暖、潮湿和全光照的环境，中午需适当遮荫，生长适温为 22~30℃。种子、珠芽、扦插和分株繁殖。

分布： 原产于非洲中西部的加蓬；中国科学院华南植物园有引种栽培。

观赏价值及应用： 株形小巧玲珑，花大，白色有黄斑，可丛植于假山点缀，也可盆栽供观赏，是理想的室内观赏花卉。

长舌闭鞘姜（新拟）

Costus ligularis Baker

形态特征：多年生草本，高 60~110 cm。叶鞘绿色，被柔毛；叶舌膜质，具条纹，披针形，长 3.5~4 cm，被长柔毛；叶背面淡绿色或有时淡紫红褐色，密被短柔毛。花序顶生；苞片边缘紫色；花冠粉色；唇瓣喇叭状，粉色或玫瑰红色，中部白色，边缘波状。

习性：喜肥沃、疏松、土层深厚的土壤，或用泥炭土和珍珠岩混合作栽培基质，并施缓释肥料栽培。适宜温暖、潮湿和半荫蔽的环境，生长适温为 22~30℃。种子、扦插和分株繁殖。

分布：原产于非洲中西部的加蓬、赤道几内亚；中国科学院华南植物园有引种栽培。

观赏价值及应用：花大，粉色或玫瑰红色，可丛植于庭院、公园、林缘或假山点缀，也可盆栽供观赏，是理想的室内观赏花卉。

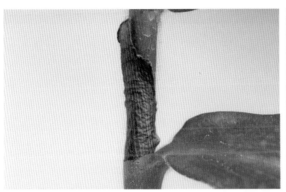

非洲螺旋姜

Costus lucanusianus J. Braun & K. Schumann

形态特征： 多年生草本，高 2~3 m，地上茎无毛。叶柄长 6~7 mm，无毛；叶片长圆状披针形，或椭圆形。穗状花序顶生，球形或椭圆形，长 4~9 cm，苞片卵形或近圆形；花冠白色，无毛；唇瓣顶端边缘波状，通常反折。雄蕊白色，顶端染红色。蒴果无毛；种子具假种皮。

习性： 喜肥沃、疏松的土壤，或用泥炭土和珍珠岩混合作栽培基质，并施缓释肥料栽培。适宜温暖、潮湿和半荫蔽的环境，生长适温为 22~30℃。种子、扦插和分株繁殖。

分布： 原产于中非、加蓬、喀麦隆、几内亚、加纳、尼日利亚；中国科学院华南植物园有引种栽培。

观赏价值及应用： 株形飘逸，适宜园林绿化，是原产地土著用作宗教仪式的植物。嫩茎可食用。

324

绒叶闭鞘姜

Costus malortieanus H. Wendland

形态特征：多年生草本，高 0.4~1 m。叶鞘、叶舌、叶柄密被长绒毛；叶片正面密被短柔毛，背面密被长绒毛。花序顶生，直立；苞片外露的部分绿色；花冠黄色至黄白色；唇瓣黄色，通常具暗红色条纹。蒴果椭圆形，无毛；种子黑色。

习性：喜肥沃、疏松、土层深厚的土壤。适宜温暖、潮湿和半荫蔽的环境，生长适温为 22~30℃，不耐寒，怕霜冻。种子、扦插和分株繁殖。

分布：原产于南美洲尼加拉瓜和哥斯达黎加；中国南方地区有引种栽培。

观赏价值及应用：植物矮小，苞片黄色至淡橙色或红色，适宜庭院、公园、绿地栽培，也可盆栽于阳台、客厅、案台供观赏。

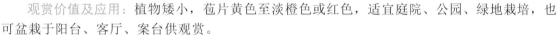

325

长圆闭鞘姜

Costus oblongus S. Q. Tong

形态特征：多年生草本，高 1.5~2.5 m。叶片长圆形或椭圆状披针形，正面无毛，背面密被长绒毛；叶鞘密被白色柔毛，先端具长的白色睫毛。穗状花序顶生，卵形或宽卵形；苞片长圆形，鲜红色，密被长绒毛，先端无短尖头，老时撕裂状纤维；花冠白色，先端具红色尖头；唇瓣喇叭形，直径 5~6 cm，白色，无毛，边缘皱波状。

习性：喜肥沃、疏松、土层深厚的土壤。适宜温暖、潮湿的环境，生长适温为 18~30℃。种子、扦插和分株繁殖。

分布：特产于中国云南、西藏；中国科学院华南植物园有引种栽培。

观赏价值及应用：植株挺拔，四季青绿，花喇叭状，适宜丛植于庭院、公园、道路两旁绿地。

拟绒叶闭鞘姜（新拟）

Costus osae Maas & H. Maas

别名：奥撒闭鞘姜

形态特征：多年生矮小草本，高 0.3~1 m；叶鞘、叶舌、叶柄及叶片密被长绒毛。花序顶生，直立；苞片、小苞片、花萼、花冠、子房和蒴果的外侧密被微柔毛；苞片红色到橙红色；花冠粉色至红色；唇瓣基部白色，往上逐渐变得深红色，内卷成管状；雄蕊白色，顶端红色。蒴果约有 40 粒种子；种子具有假种皮。

本种与绒叶闭鞘姜相似，但后者叶舌长约 1 mm，苞片外露的部分绿色，花冠黄色至黄白色，唇瓣黄色，通常具暗红色条纹，蒴果近球形。

习性：喜肥沃、疏松、土层深厚的土壤。适宜温暖、潮湿和半荫蔽的环境，生长适温为 22~30℃，不耐寒，怕霜冻。种子、扦插和分株繁殖。

分布：原产于哥斯达黎加、哥伦比亚；中国科学院华南植物园有引种栽培。

观赏价值及应用：植物矮小，适宜庭院、公园栽培，也可盆栽于阳台、客厅供观赏。

纹瓣闭鞘姜

Costus pictus D. Don

形态特征：常绿草本，高 1~4 m。叶鞘紫红色，往上渐变成绿色；叶片狭椭圆形，正面无毛或疏被微柔毛，背面密被短柔毛。花序顶生，长 3~8 cm，有时可延长至 13 cm；苞片绿色，无毛；花冠黄色至红色；唇瓣黄色，3 裂，裂片具暗红色条纹；雄蕊黄色。蒴果近球形，三棱状；种子黑色。

习性：喜肥沃、疏松、土层深厚的土壤。适宜温暖、潮湿和半荫蔽的环境，生长适温为18~32℃，能耐受短时寒冷的天气，长时在暴晒的环境下会慢慢死亡。种子、扦插和分株繁殖。

分布：原产于墨西哥至哥斯达黎加；中国科学院华南植物园有引种栽培。

观赏价值及应用：假茎基部紫红色，唇瓣黄色，间有暗红色条纹，观赏价值较高，适宜栽培于庭院角隅、公园或道路两旁。

橙苞闭鞘姜

Costus productus Gleason ex Maas

形态特征：多年生草本，高 0.3~1.5 m。叶鞘膜质，干燥时非常脆；叶舌 2 裂，裂片膜质；叶片狭椭圆形或倒卵形，基部近圆形，顶端稍渐尖。花序顶生，卵形，长 5~11 cm；苞片鲜红色至橙色；花冠红色至橙色；唇瓣长圆状倒卵形，内卷呈管状。蒴果椭圆形，被黄色绢毛。

习性：栽培于肥沃、疏松、土层深厚的土壤。适宜温暖、潮湿和半荫蔽的环境，生长适温为 22~30℃。种子、扦插和分株繁殖。

分布：原产于南美洲秘鲁东部；中国南方地区有引种栽培。

观赏价值及应用：植物矮小，苞片鲜红色至橙色，适宜庭院点缀，也可盆栽于阳台、客厅供观赏。

长蕊闭鞘姜（新拟）

Costus pulverulentus C. Presl

形态特征：多年生草本，高 0.5~2.5 m。叶狭椭圆形至狭倒卵形。花序顶生；苞片红色至橙红色，边缘撕裂成纤维状，变老时脱落；花冠红色至黄色；唇瓣红色至黄色，内卷成管状，上部边缘不规则 5 裂；雄蕊远长于唇瓣，红色，长 3.5~5 cm。蒴果椭球形；种子黑色。

习性：喜肥沃、疏松、土层深厚的土壤。适宜温暖、潮湿和半荫蔽的环境，生长适温为 22~30℃。种子、扦插和分株繁殖。

分布：原产于墨西哥、中美洲、西南美洲；中国南方地区有引种栽培。

观赏价值及应用：矮小至中型草本，苞片红色至橙红色，边缘撕裂成纤维，花冠侧裂片反折，雄蕊远长于唇瓣，在闭鞘姜科中非常罕见，适宜庭院、石山点缀，也可盆栽于阳台、客厅、案台供观赏。

闭鞘姜

Costus speciosus (J. Koenig) Smith

别名：广商陆、水蕉花

形态特征：多年生草本，高 1.2~3 m，第 2
年生的茎（枝条）顶部常分枝，旋卷。叶背密
被绢毛。穗状花序顶生，长 5~15 cm；苞片革质，
红色，具锐利的短尖头；花冠裂片白色或顶部
红色；花萼红色，或初时绿色，老时变成红色；
唇瓣宽喇叭形，纯白色，顶端具裂齿及皱波状。
蒴果稍木质，红色；种子亮黑色。

习性：喜肥沃、疏松、土层深厚的土壤。
适宜温暖、潮湿和半荫蔽的环境，冬季进入休
眠期，地上部分枯萎。种子、扦插和分株繁殖。

分布：中国台湾、广东、广西、云南等地；热带亚洲广布。

观赏价值及应用：株形挺拔，极为雅致，可丛植于庭院、草坪点缀或路旁绿化，也是制作干
花和切花的理想材料。根状茎药用，有消炎利尿、散瘀消肿的功效。根状茎有小毒，切勿过量食用。

山柰叶闭鞘姜（新拟）

Costus spectabilis (Fenzl) K. Schumann

　　形态特征：矮小莲座状草本，植株外形极像苦山柰；根状茎深藏于地下，呈不规则的念珠状，不分枝。叶4枚（偶见3枚），呈十字形状排列，紧贴近地面生长；叶片近圆形，倒卵形，稀椭圆形，正面绿色，无毛，背面被短柔毛，边缘紫红色。花序顶生；花黄色或橙黄色，直径可达9 cm。

　　习性：喜肥沃、疏松、土层深厚的土壤。适宜温暖、潮湿和全光照的环境，中午需适当遮荫，生长适温为22~32℃，冬季进入休眠期，地上部分枯萎。种子和分切根状茎繁殖。

　　分布：原产于热带非洲；中国科学院华南植物园有引种栽培。

　　观赏价值及应用：莲座状植物，叶形如山柰，花大，黄色，极为雅致，非常引人注目，可丛植于庭院假山点缀，也可盆栽于客厅、案台装饰，是优良的盆栽花卉材料。

狭叶闭鞘姜

Costus stenophyllus Standley & L. O. Williams

形态特征：多年生草本，高 2~4 m，全株无毛。叶鞘边缘红褐色；叶片线形，基部楔形，顶端长尾状，直径 1~2 cm。花序基生，狭卵形或椭圆形，红色，具长梗；苞片鲜红色；花冠黄色；唇瓣黄色内卷成管状；雄蕊远长于唇瓣，狭椭圆形，黄色，长 5~6 cm。

习性：喜肥沃、疏松的土壤。适宜温暖、潮湿和半荫蔽的环境，生长适温为 22~32℃，不耐寒，怕霜冻。种子、扦插和分株繁殖。

分布：原产于南美洲哥斯达黎加；中国南方地区有引种栽培。

观赏价值及应用：茎如竹子，叶如姜，花序苞片红色，花黄色，似竹似姜，但又非竹非姜，非常奇特，适宜丛植于庭院、草坪及道路两旁供观赏，也可盆栽于走廊、天井作装饰。

矮闭鞘姜（新拟）

Costus subsessilis (Nees & Martius) Maas

形态特征：矮小草本，高一般不超过 25 cm。根状茎肉质，根尖具纺锤形至椭圆形块根。叶鞘膜质，密被糙伏毛，疏或密被微柔毛；无叶柄；叶莲座状，4~6 片，倒卵形至椭圆形，长 5~30 cm，宽 3~13 cm，下面密被糙伏毛或密被微柔毛。花序顶生，1~4 花；苞片草质，绿色，长可达 4 cm；花冠黄色；唇瓣黄色，中间有橙色条纹。

习性：喜肥沃、疏松、土层深厚的土壤。适宜温暖、潮湿和全光照的环境，中午需适当遮荫，生长适温为 22~30℃。种子、扦插和分株繁殖。

分布：原产于巴西、玻利维亚、秘鲁；中国科学院华南植物园有引种栽培。

观赏价值及应用：莲座状矮小植物，花大，黄色，非常引人注目，可丛植于庭院假山点缀，是优良的小型盆栽花卉，适宜盆栽于客厅或阳台供观赏。

非洲粉红闭鞘姜（新拟）

Costus tappenbeckianus J. Braun & K. Schumann

形态特征：矮小草本，高 30~45 cm。叶鞘绿色，顶端红色，老时变褐色；叶片绿色，长 8~12 cm，倒卵形至椭圆形。穗状花序通常基生，偶见顶生；花序梗长 1~3 cm；苞片紫红色或绿色带淡紫红色；花冠淡粉红色；唇瓣玫瑰红色，中间有黄色斑纹，基部白色，有长绒毛；雄蕊淡粉红色，顶端紫红色。

习性：喜肥沃、疏松、土层深厚的土壤。适宜温暖、潮湿、半荫蔽或全光照的环境，中午需适当遮荫，生长适温为 22~30℃。种子、扦插和分株繁殖。

分布：原产于非洲中西部的喀麦隆、加蓬；中国科学院华南植物园有引种栽培。

观赏价值及应用：植株小巧玲珑，花如玫瑰般迷人，可丛植于庭院角隅、假山点缀，是优良的盆栽花卉，适宜盆栽于客厅或阳台供观赏。

光叶闭鞘姜

Costus tonkinensis Gagnepain

形态特征：多年生草本，高 2~3.5 m；老枝常分枝，幼枝旋卷。叶片两面无毛。穗状花序基生，球形或卵形，直径约 8 cm；总花梗长 4~13 cm，通常埋在土里；花黄色；唇瓣喇叭状，边缘皱波状。蒴果球形；种子黑色。

习性：喜肥沃、疏松的土壤。适宜温暖、潮湿和半荫蔽的环境。种子、扦插和分株繁殖。

分布：中国云南、广西、广东；越南亦有分布。

观赏价值及应用：株形挺拔，花自基部生出，极为雅致，可丛植于庭院、大树下点缀。根状茎药用，有利尿消肿的功效，可治肝硬化腹水、尿路感染、肌肉肿痛、阴囊肿痛、肾炎水肿和无名肿毒等。

秘鲁闭鞘姜（新拟）

Costus vargasii Maas & H. Maas

形态特征： 多年生草本，高 1~2 m。小枝、茎叶、苞片、小苞片和花萼完全无毛。地上茎基部通常紫红色，有时略带蜡质白粉。基部叶鞘顶端通常呈骨节状膨大；叶柄紫红色；叶舌 2 浅裂，淡紫红色；叶片正面深绿色，背面紫红色。花序基生，花序梗长 10~40 cm，通常紫红色；苞片红色，无毛；花黄色；唇瓣内卷成管状。

习性： 喜肥沃、疏松、土层深厚的土壤。适宜温暖、潮湿和半荫蔽的环境，生长适温为 22~32℃，不耐寒，怕霜冻。种子、扦插和分株繁殖。

分布： 原产于南美洲秘鲁；中国科学院华南植物园有引种栽培。

观赏价值及应用： 枝条螺旋扭转，叶背紫红色，花序基生，苞片红色，花黄色，甚为华丽，是不可多得的观花和观叶材料，适宜丛植于庭院、草坪及石山布景，可盆栽于阳台、客厅供观赏，是优良的盆栽花卉材料。

闭鞘姜科

339

长柔毛闭鞘姜（新拟）

Costus villosissimus Jacquin

形态特征：多年生草本，高 1.2~4 m。叶鞘、叶舌、叶柄、叶片和苞片密被锈色长柔毛。花序顶生，卵形，长 6~10 cm，果时可延长至 20 cm；苞片绿色或红色；花黄色，唇瓣宽喇叭状。蒴果椭圆形，被小柔毛。

习性：喜肥沃、疏松、土层深厚的土壤。适宜温暖、潮湿和半荫蔽的环境，如在长时间阳光直射的环境中叶片易灼伤，生长适温为 22~32℃，不耐寒，怕霜冻，10℃以下易受冻害，冬季需要作防寒措施。种子、扦插和分株繁殖。

分布：原产于南美洲、中美洲（巴拿马、尼加拉瓜）、牙买加、圣文森特和格林纳丁斯；中国南方地区有引种栽培。

观赏价值及应用：花大，茎叶密被长柔毛，极为雅致，可丛植于庭院、公园、林缘供观赏。

绿苞闭鞘姜

Costus viridis S. Q. Tong

形态特征：多年生草本，高 1.5~3 m。叶鞘被白色柔毛；叶片背面密被白色绢毛。穗状花序顶生；苞片绿色，无毛，先端具锐利的短尖头；花萼绿色，无毛，齿尖具金黄色锐利的短尖头；花冠淡红色；唇瓣喇叭形，淡红色或白色，边缘皱波状；雄蕊长圆形，白色；子房淡绿色。

本种与闭鞘姜相似，但后者苞片红色、花冠裂片白色，花萼红色，或初时绿色，老时变成红色，唇瓣纯白色，明显不同。

习性：生于海拔 800~1 100 m 的林缘沟边或林下阴湿处，喜肥沃、疏松、土层深厚的土壤。适宜温暖、潮湿的环境，生长适温为 20~30℃。种子、扦插和分株繁殖。

分布：中国云南西南部。

观赏价值及应用：植株外形如闭鞘姜，花萼绿色，花冠淡红色，甚为雅致，可丛植于庭院、道路旁及林缘供观赏。

红闭鞘姜

Costus woodsonii Maas

形态特征：多年生草本，高 1~2 m，全株无毛。叶片狭椭圆形或倒卵形，绿色，基部心形，顶端长渐尖。花序顶生，球形、卵形或圆柱状；苞片红色；花冠红色至橙红色；唇瓣黄色，内卷成管状；雄蕊黄色。

习性：喜肥沃、疏松、土层深厚的土壤。适宜温暖、潮湿和半荫蔽的环境，生长适温为 22~32℃，不耐寒，怕霜冻。种子、扦插和分株繁殖。

分布：原产于南美洲巴拿马、哥斯达黎加、尼加拉瓜；中国科学院华南植物园有引种栽培。

观赏价值及应用：枝条螺旋扭转，苞片红色，花黄色，非常美丽，适宜丛植于庭院、草坪及道路两旁作装饰。

双室闭鞘姜属（新拟）*Dimerocostus* O. Kuntze

多年生、粗壮草本，叶通常螺旋着生于茎的顶端。花序顶生，圆柱形，螺旋状扭转，强烈延长。苞片革质，常常具鞘，有时具有深灰色的叶状附属物；萼长于苞片。花冠、唇瓣白色或黄色；唇瓣平展、较大；子房2室。蒴果缓慢开裂；种子小，具垫状假种皮。

约2种。特产于中美洲至南美洲。

双室闭鞘姜（新拟）

Dimerocostus strobilaceus Kuntze

形态特征： 多年生草本，高2~6 m。叶片聚生于假茎顶端，正面无毛，背面被绢毛。花序顶生，卵球形到圆柱状；苞片、花萼绿色；花冠白色或黄色；唇瓣白色或黄色，有时带有橙色，边缘稍皱；雄蕊白色或黄色。蒴果绿色，成熟时变成橙色和棕色，被绢毛；种子褐色。

习性： 喜肥沃、疏松、土层深厚的土壤。适宜温暖、潮湿和半荫蔽的环境，生长适温为22~32℃，不耐寒，怕霜冻。种子、扦插和分株繁殖。

分布： 原产于中美洲，从洪都拉斯到巴拿马，南美洲西部，委内瑞拉和苏里南；中国科学院华南植物园有引种栽培。

观赏价值及应用： 叶片聚生于螺旋扭转的枝条顶端，花黄色，非常美丽，适宜丛植于庭院、草坪及道路两旁作装饰。

单花闭鞘姜属（新拟）*Monocostus* K. Schumann

矮小草本，高 20~60 cm。叶片边缘红色。花序生于叶腋，退化成单花，是本科所有物种中独一无二的；苞片、花萼绿色；唇瓣黄色，平展；子房 2 室。蒴果强烈延长。

单种属。特产于南美洲秘鲁。

单花闭鞘姜（新拟）

Monocostus uniflorus (Poeppig ex Petersen) Maas

别名：单花姜

形态特征：矮小草本，高 20~60 cm。叶鞘长 1~3 cm；叶舌长 1~2 mm；叶柄长 1~2 mm，密被短柔毛；叶片狭椭圆形至狭倒卵形，边缘红色，长 2.5~8 cm。花序生于叶腋，单花；苞片绿色，无毛，顶端具裂片；花冠黄色；唇瓣倒卵形，黄色；雄蕊狭卵形，黄色；子房 2 室。蒴果长 4~5 cm；具有黑色的种子。

习性：生于低海拔的热带森林中，喜肥沃、疏松的土壤。适宜温暖、潮湿和半荫蔽的环境，生长适温为 22~32℃，不耐寒，怕霜冻。种子、扦插和分株繁殖。

分布：原产于南美洲秘鲁东部；中国科学院华南植物园有引种栽培。

观赏价值及应用：叶片生于螺旋扭转的枝条，小巧玲珑，花色艳丽，非常美丽，为优良的观花、观叶植物，适宜栽培于庭院角隅、假山点缀，可盆栽于阳台、客厅供观赏。

小唇闭鞘姜属 *Tapeinochilos* Miquel

高大草本，高可达 6 m。根状茎厚肉质，地上茎上部有分枝。花序自基部生于无叶片的短枝上（基生），或偶见有顶生，呈球果状；苞片红色，革质、木质或有时呈草质；花等于或稍短于苞片；唇瓣 5 裂，裂片小。

15~20 种。产于马来西亚东部到澳大利亚东北部，分布中心位于新几内亚。

小唇闭鞘姜

Tapeinochilos ananassae (Hasskarl) K. Schumann

别名：菠萝姜、印尼蜡姜花、松球姜

形态特征：多年生草本，高 1.5~4 m。假茎多分枝；叶片长圆形或倒卵状长圆形，顶端具短尖，基部楔形，光滑无毛。花序基生，柄长 30~60 cm；苞片蜡质，红色或淡粉红色，有光泽，卵形，顶端渐尖；花冠黄色；唇瓣黄色。

习性：喜肥沃、疏松的土壤。适宜温暖、潮湿和半荫蔽的环境，生长适温为 22~32℃，不耐寒，怕霜冻。种子、扦插和分株繁殖。

分布：原产于印度尼西亚；中国科学院华南植物园有引种栽培。

观赏价值及应用：花序类似于水果"菠萝"，红色蜡质苞片，具有美丽的色彩，观赏时间非常长，为优良的园林植物，可丛植或孤植于庭院、公园或道路两旁作装饰，也可作大型盆栽和切花材料。

美人蕉科 Cannaceae A. L. Jussieu

多年生草本，地下茎块状。叶在茎上互生，螺旋状排列；叶片较大，中脉粗壮，具有明显平行的羽状脉，基部叶具鞘。花序顶生，穗状、总状或圆锥花序；花两性，不对称，美丽，多数种类较大（大花美人蕉），亦有较小（美人蕉）；萼片宿存，绿色，3枚；花冠裂片（花瓣）3枚，通常披针形，绿色、红色、黄色或其他颜色，基部与退化雄蕊合生成管状；退化雄蕊花瓣状，为花中最美丽部分，常具有显著色彩，3~4枚，外轮的3枚（有时2枚或无）较大，内轮的1枚较狭，向外反折的为唇瓣；发育雄蕊的花丝呈花瓣状，花药1室，生于花丝的顶部边缘；子房下位，3室；花柱扁平或棒状，伸直。果实为蒴果，3瓣裂，多少具3棱，具有小瘤状凸起；种子球形，质硬。

仅1属10~20种。产于美洲的热带和亚热带地区。本书描述1属6种（含栽培品种）。

美人蕉属 *Canna* Linnaeus

属的特征同科。

蕉芋

Canna edulis Ker Gawler

别名：姜芋

形态特征：多年生草本，高 1.5~2.5 m。根状茎块状，多分枝。叶片绿色，边缘紫色；叶鞘紫绿色，边缘紫色。总状花序顶生，被蜡质粉霜；花序轴紫色；花单生或2朵聚生；小苞片淡紫色；花冠裂片直立，基部杏黄色，顶端红色；外轮退化雄蕊倒披针形，2~3枚，红色，基部杏黄；唇瓣披针形，卷曲，上部红色，基部杏黄，顶端2裂。

习性：喜肥沃、疏松、土层深厚的土壤。适宜温暖、潮湿和阳光充足的环境。种子和分株繁殖。

分布：原产于西印度群岛和南美洲；中国南部及西南部地区有栽培。

观赏价值及应用：花叶兼美，丛植于庭院角隅点缀或用于花坛和园林造景。块茎可煮食或提取淀粉，适于老弱和小儿食用，或制粉条、酿酒等。茎叶纤维可造纸、制绳。

粉美人蕉

Canna glauca Linnaeus

形态特征： 多年生草本，高 0.8~1.3 m。叶片披针形，绿色，被蜡质白粉，边缘透明，绿白色。总状花序顶生，稍高出叶上；花黄色，无斑点；花冠裂片线状披针形，直立，宽约 1 cm。蒴果长圆形。

习性： 喜肥沃、疏松、土层深厚的土壤。适宜温暖、潮湿和阳光充足的环境。种子和分株繁殖。

分布： 原产于南美洲及西印度群岛；中国南方地区有栽培。

观赏价值及应用： 耐水湿，是优良湿地绿化和水景布置的材料，可用于桥、亭榭四周点缀。

美人蕉

Canna indica Linnaeus

形态特征：多年生草本，高 1~1.5 m，全株绿色（花除外）。总状花序顶生，略高于叶片之上；花红色；花冠裂片红色；外轮退化雄蕊鲜红色，2~3 枚；唇瓣披针形，弯曲，红色，中部有黄色斑，顶端全缘；发育雄蕊红色，花瓣状。蒴果长卵形，绿色，有软刺。

习性：喜肥沃、疏松、土层深厚的土壤。适宜温暖、潮湿和阳光充足的环境。种子和分株繁殖。

分布：原产于热带美洲；中国南北各地常有栽培。

观赏价值及应用：植株奇特，形态优美，可丛植于庭院角隅观赏。根茎清热利湿，舒筋活络；治黄疸肝炎、风湿麻木、外伤出血、跌打、子宫下垂、心气痛等。茎叶纤维可制人造棉、织麻袋、搓绳和造纸等。

安旺美人蕉

Canna × generalis 'En Avant'

形态特征： 多年生草本，高 1~1.5 m。叶片绿色，边缘淡紫红色。总状花序顶生；花大，密集，黄色，退化雄蕊密被红色不规则的斑点。

习性： 喜肥沃、疏松、土层深厚的土壤。适宜温暖潮湿和阳光充足的环境。种子和分株繁殖。

分布： 为园艺栽培品种；中国南方地区有栽培。

观赏价值及应用： 叶片翠绿，花朵色彩夺目，可丛植于庭院、草坪、林缘作花境布置，也用于花坛、花镜和道路斜坡作地被植物。

条纹美人蕉

Canna × generalis 'Striatus'

形态特征：多年生草本，高 0.8~1.3 m。叶片绿色，间有黄色条纹。总状花序顶生；苞片紫红色，被蜡质白粉；花大，橙黄色或橙红色。

习性：喜肥沃、疏松、土层深厚的土壤。适宜温暖、潮湿和阳光充足的环境。种子和分株繁殖。

分布：为园艺栽培品种；中国南方地区有栽培。

观赏价值及应用：叶片有黄绿色相间的花纹，可丛植于庭院或道路两旁作装饰。

兰花美人蕉

Canna × orchioides L. H. Bailey

形态特征：多年生草本，高 0.8~1.3 m。叶片绿色，常杂有紫色条纹或斑块。总状花序顶生；花大，直径 8~15 cm；退化雄蕊倒卵状披针形，质薄而柔，通常一半鲜黄色，另一半深红色，黄色部分具有红色条纹或溅点。

习性：喜肥沃、疏松、土层深厚的土壤。适宜温暖、潮湿的环境。种子和分株繁殖。

分布：原产于欧洲；中国南方地区有栽培。

观赏价值及应用：叶片紫绿相间，花色奇特，适宜丛植于庭院、草坪、林缘点缀供观赏。

竹芋科 **Marantaceae** Petersen

多年生、莲座状草本或亚灌木状草本植物。陆生或水生（再力花属）；具合轴分枝的根状茎。叶2列排列，由叶鞘、叶柄、叶枕和叶片组成；叶柄的顶端和叶片之间的增厚部分称为"叶枕"，常弯曲；叶片椭圆形至卵形，具羽状脉，侧脉略呈S型。花序顶生、腋生或基生，头状、穗状、总状或疏散的圆锥花序，简单或组成复伞形花序；花两性，不对称，通常成对；苞片（佛焰苞）2列或螺旋排列；退化雄蕊2轮，外轮退化雄蕊1或2枚，花瓣状，较大，稀无（橙苞柊叶）；内轮退化雄蕊2枚，其中1枚为僧帽状（cucullate）退化雄蕊，在开花时包围雌蕊的末端部分并且具有侧向附属物；另1枚为胼胝质（callose）退化雄蕊；可育雄蕊1，侧面狭花瓣状；花柱顶端弯曲。

约31属550种。分布于热带地区，澳大利亚没有自然分布；大约一半的种分布于新热带地区，另一半分布于古热带地区。本书描述11属37种（含3变种及3栽培品种）。

肖竹芋属 **Calathea** G. F. W. Meyer

多年生莲座状草本。叶片通常有美丽的色彩。花序顶生、基生，单一或具疏生分枝，穗状到头状花序；苞片2列或螺旋排列；萼片3枚，近相等；花冠管细长；外轮退化雄蕊1枚，稀无，花瓣状；子房3室。蒴果开裂为3瓣；种子3颗，具2裂的假种皮。

约300种。广泛分布于热带美洲。

扁穗肖竹芋（新拟）

Calathea crotalifera S. Watson

别名：响尾蛇竹芋、黄花竹芋

形态特征：多年生草本，高1~2 m。叶柄黄绿色；叶枕绿色；叶片卵形，正面绿色，背面淡绿色，顶端渐尖，基部圆形或浅心形。花序顶生，长椭圆形，扁平，苞片两列排列，形如古代生物"三叶虫"，又如"响尾蛇"的尾巴；苞片淡绿色至黄色，无毛，有光泽；花冠黄色；退化雄蕊粉红色。

习性：喜土层深厚、肥沃、排水良好的微酸性土壤。适宜湿润、半荫蔽的环境，生长适温为22~30℃，怕霜雪。种子和分株繁殖。

分布：原产于伯利兹、哥伦比亚、哥斯达黎加、厄瓜多尔、萨尔瓦多、危地马拉、洪都拉斯、墨西哥、尼加拉瓜、巴拿马、秘鲁、委内瑞拉。

观赏价值及应用：花序的形态非常独特，使人联想到古代生物的"三叶虫"或"响尾蛇"的尾巴，非常具有吸引力，可丛植于公园、广场或庭院的树下作装饰。

蜂巢肖竹芋（新拟）

Calathea cylindrica (Roscoe) K. Schumann

形态特征：多年生草本，高 50~100 cm。叶基生，有 3~4 枚；叶片卵形或椭圆形，正面绿色，背面淡绿色。花序顶生，近球形至长椭圆形，具总花梗；苞片绿色，花黄色。

习性：喜土层深厚、肥沃、排水良好的微酸性土壤。适宜湿润、半荫蔽的环境，生长适温为 22~30℃，怕霜雪。种子和分株繁殖。

分布：原产于巴西。

观赏价值及应用：花序奇特，外形如蜂巢，非常别致，在南方热带至南亚热带地区可丛植于公园或庭院的树下点缀装饰，也可盆栽于室内供观赏。

355

披针叶肖竹芋

Calathea lancifolia Boom

别名：箭羽竹芋

形态特征：多年生草本，高 30~70 cm。叶片披针形或椭圆形，长可达 50 cm，正面绿色，间有椭圆形和近圆形的斑，背面紫红色，先端短渐尖，基部渐狭或近圆形，边缘波状。花序基生；花白色。

习性：喜土层深厚、肥沃、排水良好的土壤。适宜高温、湿润、半荫蔽的环境，生长适温为 20~30℃，怕霜雪，安全越冬温度为 10℃。分株繁殖。

分布：原产于热带美洲；中国南方地区有栽培。

观赏价值及应用：叶色美丽，观赏性很高，耐阴性强，可种植在庭院、公园的林荫下或路旁绿化，丛植、片植或与其他植物搭配布置，也可盆栽于室内供观赏，是著名的室内观叶植物。美丽的叶片也是切叶优良材料，可用作插花的衬材。

荷花肖竹芋

Calathea loeseneri J. F. Macbride

别名：白竹芋、罗氏竹芋

形态特征：多年生草本，高30~120 cm。叶鞘、叶柄密被长柔毛；叶片椭圆形、倒卵形或卵状椭圆形，正面绿色、中脉及两侧有黄绿色斑，背面黄绿色，顶端渐尖，基部渐狭。花序顶生，形如荷花，具长花序梗；苞片粉红色或白色，狭卵形；花白色。

习性：喜土层深厚、肥沃、排水良好的土壤。适宜高温、湿润、半荫蔽的环境，生长适温为20~30℃，怕霜雪。分株繁殖。

分布：原产于秘鲁、哥伦比亚、厄瓜多尔和玻利维亚。

观赏价值及应用：花序如一朵亭亭玉立的荷花，甚为优雅，叶色美丽，耐阴性强，可丛植、片植于庭院、公园及路旁用作绿化和地被，也可盆栽于室内供观赏。

黄花肖竹芋

Calathea lutea (Aublet) G. Meyer ex Schultes

别名：雪茄竹芋

形态特征：多年生草本，高 1.5~3 m。叶片通过叶枕分别在不同时间段运动至不同的位置，在早晨、中午分别呈现不同角度的形态（水平、斜升至直立，折叠或展开）。叶片长可达 1 m，宽可达 50 cm，卵形或长圆形，正面绿色，背面密被灰白色的蜡质层。花序顶生，圆柱形；苞片紫红色；花黄色。

习性：喜土层深厚、肥沃、排水良好的土壤。适宜湿润、半荫蔽的环境，生长适温为 22~32℃，怕霜雪。种子、扦插和分株繁殖。

分布：原产于热带美洲墨西哥至巴西等地区；中国南方地区有引种栽培。

观赏价值及应用：株形优美，花序形如雪茄，花黄色，观赏性很高，可丛植于庭院、公园、广场的树荫下作装饰和园林绿化，也可盆栽于客厅或走廊装饰。叶背的灰白色蜡质层是潜在的高档植物蜡。

绿羽肖竹芋

Calathea majestica (Linden) H. Kennedy
[*Calathea princeps* (Linden) Regel]

形态特征：多年生草本，高 1~2 m。叶柄长可达 65 cm，绿色，被短柔毛；叶片正面中脉和边缘深绿色，侧脉之间淡绿色，背面紫色至紫红色。花序顶生，椭圆球形；苞片橙黄色，革质；花通常成对开放；花冠淡黄绿色或白色；退化雄蕊淡紫红色。

习性：喜土层深厚、肥沃、排水良好的土壤。适宜湿润、半荫蔽的环境，生长适温为 20~30℃，怕霜雪。种子和分株繁殖。

分布：原产于玻利维亚、哥伦比亚、厄瓜多尔、委内瑞拉和秘鲁；中国南方地区有栽培。

观赏价值及应用：株形优美，叶色美丽，观赏性很高，可丛植于庭院、公园、广场的树荫下作装饰或花坛绿化，也可盆栽于客厅或走廊供观赏。

孔雀肖竹芋

Calathea makoyana E. Morren

形态特征：多年生草本，高 30~60 cm。叶柄紫红色；叶片椭圆形或卵状椭圆形，正面有墨绿、白色或淡黄相间的羽状斑，两侧相互交错排列，背面紫红色间有白色斑块，形如孔雀开屏。花白色。

习性：喜土层深厚、肥沃、排水良好的微酸性土壤。适宜湿润、半荫蔽的环境，生长适温为 22~30℃，怕霜雪。分株繁殖。

分布：原产于巴西；中国南方地区有引种栽培。

观赏价值及应用：叶面有精致和华丽的彩色斑，犹如孔雀开屏，特别耐阴，可盆栽于客厅、书房供观赏。

双线竹芋

Calathea ornata (Linden) Körnicke

形态特征：多年生草本，高 40~90 cm。叶基生或茎生，叶片长椭圆形或狭椭圆形，长 25~40 cm，宽 8~20 cm，正面绿色，中脉两侧的侧脉与侧脉之间有 2 条平行白色或淡红色线纹，延伸至近叶缘，背面紫红色。

习性：喜疏松肥沃、排水良好、丰富腐殖质的微酸性土壤。适宜高温、多湿和半荫蔽的环境，不耐寒，忌暴晒，生长适温为 20~30℃。分株繁殖。

分布：原产于巴西、厄瓜多尔、委内瑞拉；中国南方地区有引种栽培。

观赏价值及应用：叶面有精致白色线纹，株形优美；丛植或片植于庭院、公园的树荫下作绿化；也可盆栽于客厅或走廊供观赏。

玫瑰竹芋

Calathea roseopicta (Linden) Regel

别名：彩虹竹芋

形态特征：多年生草本，高 30~65 cm。叶基生；叶片近圆形或倒卵形，正面绿色或绿褐色，中脉淡紫红色，近叶缘处有一圈淡紫红色环纹，顶端圆形，基部浅心形。花序顶生；苞片淡绿色；花冠白色，外轮退化雄蕊淡紫色。

习性：喜疏松肥沃、排水良好、丰富腐殖质的土壤。适宜高温、高湿和半荫蔽的环境，生长适温为 20~32℃。不耐寒，忌暴晒，分株繁殖。

分布：原产于巴西、厄瓜多尔、秘鲁及委内瑞拉；中国南方地区有引种栽培。

观赏价值及应用：叶片有美丽的彩纹，株形优美，适宜盆栽于室内案台点缀，也可片植于庭院、公园的树荫下供观赏。

浪星竹芋

Calathea rufibarba 'Wavestar'

形态特征：多年生草本，高 30~60 cm。叶基生；叶柄圆柱形，紫红色，密被红褐长柔毛；叶枕紫红色；叶片披针形或狭椭圆形，正面绿色，背面紫红色，密被红褐长柔毛，顶端具短尖，基部圆形或浅心形，边缘皱波状。花序基生；花黄色或淡黄色。

习性：喜疏松肥沃、排水良好的土壤。适宜高温、高湿和半荫蔽的环境，生长适温为 20~32℃，忌暴晒，不耐寒。分株繁殖。

分布：园艺栽培种；中国南方地区有引种栽培。

观赏价值及应用：叶背紫红色，全株密被红褐色柔毛，株形矮小，适宜盆栽于客室内案台供观赏，也可丛植或片植于庭院、公园的树荫下作装饰。

毛叶肖竹芋（新拟）

Calathea villosa Lindley

形态特征：多年生草本，高 30~60 cm。叶柄长约 2 cm，密被开展的长毛；叶片两面密被短柔毛，正面绿色，中脉两侧间有不规则的紫褐色斑或深绿色斑。穗状花序顶生，狭圆柱形；花序柄长可达 50 cm，通常高于叶面之上，密被开展的长柔毛；苞片绿色，密被开展的长柔毛；花黄色。

习性：喜疏松肥沃、排水良好的土壤。适宜高温、高湿和半荫蔽的环境，生长适温为 22~32℃，忌暴晒，不耐寒。分株繁殖。

分布：原产于玻利维亚、巴西、哥伦比亚、哥斯达黎加、圭亚那、巴拿马、苏里南、委内瑞拉。中国科学院华南植物园有引种栽培。

观赏价值及应用：叶面有精致的彩色斑，特别耐阴，适宜盆栽于客厅、书房作装饰，也可丛植或片植于庭院、公园的树荫下供观赏。

瓦氏肖竹芋

Calathea warscewiczii (L. Mathieu ex Planchon) Planchon & Linden

形态特征：多年生草本，高 40~90 cm。叶柄长 2~10 cm，紫红色；叶片椭圆形，边缘具波纹，叶片深绿色，有天鹅绒般的光泽，中脉及与侧脉交汇处黄绿色，侧脉突起，叶背紫红色。花序顶生，椭圆形；苞片白色或淡黄色，顶端反折，有时具有紫色小斑点；花白色。

习性：喜疏松肥沃、排水良好的土壤。适宜高温、高湿和半荫蔽的环境，生长适温为 18~30℃，忌暴晒，不耐寒。分株繁殖。

分布：原产于哥斯达黎加、尼加拉瓜、圭亚那、巴拿马。中国南方地区有引种栽培。

观赏价值及应用：叶面有天鹅绒般的光泽，花序远看像一杯令人垂涎欲滴的冰淇淋，适宜盆栽于客厅、书房作装饰，也可丛植或片植于庭院、公园的树荫下供观赏。

天鹅绒竹芋

Calathea zebrina (Sims) Lindley

形态特征：多年生草本，高 25~50 cm。叶片椭圆形或长椭圆形，有天鹅绒般的光泽，正面绿色，中脉及侧脉有浅绿色带状斑，背面为深紫红色。花序球形，具长柄；苞片淡紫色，顶端有淡绿色斑；花紫色。

习性：喜疏松肥沃、排水良好的土壤。适宜高温、高湿和半荫蔽的环境，生长适温为 20~30℃，忌暴晒，不耐寒，不耐干旱。分株繁殖。

分布：原产于巴西、洪都拉斯、委内瑞拉。中国南方地区有栽培。

观赏价值及应用：叶面有天鹅绒般的光泽，花紫色，美丽迷人，适宜丛植或片植于庭院、公园的树荫下作装饰，也可盆栽于客厅、书房供观赏。

绿背天鹅绒竹芋

Calathea zebrina 'Humilior'

形态特征：与天鹅绒竹芋不同之处在于本栽培种的叶片背面淡绿色，苞片黄绿色。

栉花竹芋属 *Ctenanthe* Eichler

莲座状或具茎植物，具有近似对称的叶片；茎生叶多数，花序顶生、疏生或分枝，有时为散开的复伞形花序；两侧对称至显著的单轴对称；苞片绿色，通常宿存；外轮退化雄蕊 2 枚，花瓣状；胼胝质退化雄蕊的上部呈花瓣状。

约 10 种。广泛分布于热带美洲，主产于巴西东南部。

栉花竹芋

Ctenanthe lubbersiana (E. Morren) Eichler ex Petersen

别名：矩叶肖竹芋

形态特征：多年生草本，高 40~90 cm。茎绿色，具有关节，被长柔毛；叶鞘绿色，被长柔毛；叶片长圆形或近矩形，顶端短渐尖，基部平截或近圆形，正面绿色，背面淡绿色。花序顶生；苞片绿色，具有短柔毛；花白色。

习性：喜疏松肥沃、排水良好的土壤。适宜高温、高湿和半荫蔽的环境，生长适温为 16~30℃，不耐干旱。扦插和分株繁殖。

分布：原产于巴西、哥斯达黎加；中国南方地区有栽培。

观赏价值及应用：适宜丛植于庭院、公园的树荫下点缀。

银叶栉花竹芋

Ctenanthe setosa (Roscoe) Eichler

别名：毛柄银羽竹芋

形态特征：多年生草本，高50~100 cm。茎红褐色，具有关节，被长柔毛或粗毛；叶鞘绿色，被长柔毛或粗毛；叶片卵状披针形或椭圆形，顶端短渐尖，基部近圆形，正面具绿色或银灰色相间的条斑，背面紫红色。花序顶生；苞片红褐色，具有长毛；花白色。

习性：喜疏松肥沃、排水良好的土壤。适宜高温、高湿和半荫蔽的环境，生长适温为 15~30℃，不耐干旱。扦插和分株繁殖。

分布：原产于巴西、秘鲁；中国南方地区有栽培。

观赏价值及应用：叶色彩美丽，株形优美，适宜丛植于庭院、公园的树荫下点缀。

竹叶蕉属 *Donax* Loureiro

亚灌木状草本。茎具膨大关节和分枝。叶片卵形或长椭圆形。花成对生于苞片内，组成顶生、疏散的圆锥花序；苞片 2 列；小苞片小，腺体状；外轮退化雄蕊 2 枚，花瓣状；子房 3 室。蒴果不开裂；种子无假种皮。

仅 1 种。分布于亚洲东南部。

竹叶蕉

Donax canniformis (G. Forster) K. Schumann

形态特征：亚灌木状草本，高 1.5~3 m。地上茎绿色，具膨大的关节和分枝。叶片卵形至长圆状披针形，顶端渐尖，基部圆或钝。圆锥花序顶生，纤细，长可达 20 cm，通常基部分枝；苞片披针形至倒卵形，花后脱落；萼片白色；花白色。果白色；种子无假种皮。

习性：喜疏松肥沃、排水良好的土壤。适宜高温、高湿和半荫蔽的环境，生长适温为 20~30℃，忌暴晒、不耐干旱。种子、扦插和分株繁殖。

分布：中国台湾；亚洲热带地区广布。

观赏价值及应用：株形优美，适宜庭院点缀和公园的树荫下作装饰，也可作大型盆栽供观赏。茎可编织篮子。根状茎药用，具有清热解毒、止咳定喘、消炎杀菌功效；治肺结核、气管炎、支气管炎、哮喘、高热、小儿麻疹合并肺炎、感冒发热及各种皮肤病。

印度竹芋属（新拟）*Indianthus* Suksathan & Borchsenius

丛生草本，茎不分枝。叶两列，互生，间隔均匀；叶柄短，长约 3 cm。圆锥花序，顶生，松散，无小苞片，花冠管不明显；外轮退化雄蕊 2 枚，花瓣状，白色；可育雄蕊具有明显的瓣状附属物；子房 3 室。蒴果开裂；具有 3 颗种子。

仅 1 种。分布于印度南部和斯里兰卡。

印度竹芋（新拟）

Indianthus virgatus (Roxburgh) Suksathan & Borchsenius
[*Schumannianthus virgatus* (Roxburgh) Rolfe]

形态特征：多年生草本，茎高 2~4 m。茎生叶多数，无基生叶；叶鞘绿色，被柔毛；叶枕常弯曲，上面被短柔毛；叶片披针形，坚硬纸质，基部近圆形，先端渐尖，边缘具短毛；圆锥花序顶生，松散，长可达 35 cm；苞片绿色，长圆状披针形；花白色。蒴果绿色，具疣状凸起。

习性：喜疏松肥沃、排水良好的土壤。适宜高温、高湿和半荫蔽的环境，生长适温为 22~32℃，不耐寒；种子、扦插和分株繁殖。

分布：原产于印度南部和斯里兰卡；中国南方地区有栽培。

观赏价值及应用：株形优美，可丛植于庭院或路旁点缀供观赏。

细穗竹芋属 *Ischnosiphon* Körnicke

莲座状草本植物。花序通常顶生，简单或明显的复伞形花序，狭圆柱形，穗状，具有小苞片；子房单室。蒴果斜椭圆形；种子具假种皮。

约35种。广泛分布于热带美洲。

圆叶细穗竹芋

Ischnosiphon rotundifolius (Poeppig & Endlicher) Körnicke
[*Calathea rotundifolia* Poeppig & Endlicher]

形态特征：多年生草本，高20~50 cm。叶基生；叶柄圆柱形，淡绿色；叶枕淡黄色；叶片近圆形，正面绿色或黄绿色，侧脉间有银灰色长条斑，背面淡绿色，顶端具短尖，基部圆形或浅心形。花白色。

习性：喜疏松肥沃、排水透气性良好、丰富腐殖质的微酸性土壤。适宜高温、高湿和半荫蔽的环境，生长适温为20~32℃，不耐寒，忌暴晒。分株繁殖。

分布：原产于巴西、厄瓜多尔、秘鲁；中国南方地区有引种栽培。

观赏价值及应用：叶色青翠，形如青苹果，株形矮小，适宜盆栽于室内案台供观赏，也可丛植或片植于庭院、公园的树荫下作装饰。

竹芋属 *Maranta* Linnaeus

多年生草本植物。地下茎块状,地上茎常有分枝。叶基生或茎生;茎生叶由不同节间分离。花序顶生;无小苞片;萼片3枚,披针形;花冠管短于裂片;外轮的2枚退化雄蕊花瓣状;子房1室。蒴果开裂;种子具假种皮。

约25种。分布于热带美洲。

竹芋

Maranta arundinacea Linnaeus

形态特征: 多年生草本,高50~100 cm。根状茎纺锤形,肉质。假茎柔弱,2歧分枝;叶枕黄色,被短柔毛。叶片卵形或卵状披针形,绿色,顶端渐尖,基部圆形。总状花序顶生,疏散;苞片线状披针形,内卷;花白色。果长圆形。

习性: 喜疏松肥沃、排水良好的土壤。适宜高温、高湿和半荫蔽的环境,生长适温为18~30℃。扦插和分株繁殖。

分布: 原产于热带美洲,广泛栽培于热带地区;中国南方地区有栽培。

观赏价值及应用: 株形优美,可丛植于庭院、公园的树荫下点缀。根状茎富含淀粉,可食用或糊用,也可直接煮食或煲汤入药有清肺、利水之效。

斑叶竹芋

Maranta arundinacea Linnaeus var. *variegata* Ridley

形态特征：叶片有白色斑或条纹，而与原变种不同。

红线豹斑竹芋

Maranta leuconeura E. Morre var. *erythroneura* G. S. Bunting

形态特征：匍匐草本。叶片倒卵形、近圆形或长圆形，长 6~12 cm，直径 5~9 cm，正面有深绿色、淡绿色和灰绿色斑，中脉和侧脉鲜红色，顶端钝或短渐尖，基部圆形至浅心形。

习性：喜疏松肥沃、排水良好的土壤。适宜高温、高湿和半荫蔽的环境，生长适温为 22~30℃。分株繁殖。

分布：原产于萨尔瓦多；中国南方地区有栽培。

观赏价值及应用：匍匐草本，叶片色彩迷人，适宜作地被植物，可植于庭院、公园的树荫下点缀，也可作小型盆栽供观赏。

豹斑竹芋

Maranta leuconeura E. Morre var. *kerchoveana* (E.Morren) Petersen

形态特征：多分枝匍匐草本。叶片卵形、近圆形或长圆形，长 6~11 cm，直径 5~9 cm，正面绿色或灰绿色，主脉两侧有交错排列深绿色或红褐色斑纹，背面灰绿色或稍带淡紫色，顶端钝或短渐尖，基部浅心形。花白色，间有紫罗兰色斑或条纹。

习性：喜疏松肥沃、排水良好的土壤。适宜高温、高湿和半荫蔽的环境，生长适温为 18~30℃。扦插和分株繁殖。

分布：原产于巴西、巴拿马、萨尔瓦多；中国南方地区有栽培。

观赏价值及应用：匍匐草本，叶片色彩迷人，适宜作地被植物，可植于庭院、公园的树荫下作绿化，也可作小型盆栽供观赏。

芦竹芋属 *Marantochloa* Brongniart ex Gris

亚灌木状植物，高 1~3 m。茎多分枝，具有膨大的关节。无小苞片；花冠管短，或与裂片等长；外退化雄蕊 2 枚，花瓣状；外轮退化雄蕊 2 枚，花瓣状；兜状退化雄蕊近中部具有一短扁平的附属物；子房 3 室。蒴果开裂；种子具假种皮。

约 15 种。产于非洲西部的刚果盆地、苏丹、乌干达、坦桑尼亚、留尼旺和科摩罗群岛。

大节芦竹芋

Marantochloa leucantha (K. Schumann) Milne-Redhead

形态特征：亚灌木状草本，高 1.6~2.5 m。茎深绿色，多分枝，关节膨大。叶鞘短，黄绿色；叶片卵形，正面绿色，背面黄绿色、灰绿色或有时边缘稍染淡紫红色。花序顶生或腋生，松散，长 10~30 cm，半下垂或下垂；花冠淡黄色或黄绿色，退化雄蕊白色。蒴果球形，幼果绿色，熟果白色，疏被短柔毛。

习性：喜疏松肥沃、排水良好的土壤。适宜高温、高湿和半荫蔽的环境，生长适温为 20~32℃。扦插和分株繁殖。

分布：原产于喀麦隆、加纳、中非、刚果（布）、加蓬、几内亚、利比里亚、塞拉利昂、坦桑尼亚、乌干达；中国南方地区有栽培。

观赏价值及应用：株形挺拔，适宜庭院点缀和公园的树荫下作装饰，也可作大型盆栽供观赏。据资料记载，原产地土著居民常作药物和食品使用。假种皮可作食物。根药用，作止痛药及生殖器兴奋剂、镇静剂，妇女哺乳期的兴奋剂；叶作镇静剂；花治胃病；叶、果可作解毒剂。叶可作容器、包裹食物。

紫花芦竹芋

Marantochloa purpurea (Ridley) Milne-Redhead

形态特征：亚灌木状草本，高 1.5~3 m。茎多分枝，关节膨大。叶鞘长 8~60 cm；叶枕长 1.8~5 cm，无毛；叶片卵形，不对称，长 15~40 cm，直径 9~25 cm，背面紫红色或淡紫红色，或老时渐变成黄绿色。花序顶生或腋生，长可达 48 cm，松散；苞片淡紫红色或淡粉红色；花淡粉红色至深紫红色。

习性：喜疏松肥沃、排水良好的土壤。适宜高温、高湿和半荫蔽的环境，生长适温为 18~30℃。扦插和分株繁殖。

分布：原产于喀麦隆、加纳、中非、刚果（布）、加蓬、几内亚、尼日利亚、乌干达；中国南方地区有栽培。

观赏价值及应用：株形挺拔，叶背面紫红色，花紫红色，花期长，适应性强，可植于庭院点缀、公园及道路的树荫下作绿化，也可作大型盆栽供观赏。

柊叶属 *Phrynium* Willdenow

多年生、莲座状草本。根茎匍匐；叶片基生、多数，茎生叶 1 枚或无；叶片长圆形，具长柄及鞘。花序顶生（橙苞柊叶）、腋生（少花柊叶）、密集呈头状（柊叶）或具有显著分枝的圆锥状（橙苞柊叶），组成复杂的复伞形花序；苞片螺旋状排列，每苞片内有 2 至多花；无小苞片；萼片长于花冠管；外轮退化雄蕊通常花瓣状，2 枚或无；花柱基部和退化雄蕊管融合，上部弯曲；子房 3 室。蒴果开裂；种子假种皮。

30~40 种。分布于亚洲热带地区；中国产 6 种。

少花柊叶

Phrynium dispermum Gagnepain

形态特征：多年生草本，高 1~1.5 m。叶基生，长椭圆形，两面无毛；叶柄长 20~45 cm。头状花序顶生，无柄；苞片绿色，顶端皱缩；花冠淡红色；退化雄蕊淡黄色。蒴果长圆形或倒卵状长圆形。

习性：喜疏松肥沃、排水良好的土壤。适宜高温、高湿和半荫蔽的环境，生长适温为 18~32℃。种子和分株繁殖。

分布：中国广东、广西、福建；越南有分布。

观赏价值及应用：株形挺拔，适应性强，可植于庭院、公园及道路的树荫下绿化。

海南柊叶

Phrynium hainanense T. L. Wu & S. J. Chen

形态特征：多年生草本，高约 1 m。叶片长圆形，两面无毛；叶鞘被粗毛。头状花序腋出，直径 5~8 cm；总花梗长 2~6 cm；苞片绿色，无毛，花后腐烂呈撕裂的纤维状；花白色。蒴果白色，被长柔毛。

习性：喜疏松肥沃、排水良好的土壤。适宜高温、高湿和半荫蔽的环境，生长适温为 18~32℃。种子和分株繁殖。

分布：中国海南、云南；越南、泰国有分布。

观赏价值及应用：株形挺拔，可植于庭院、公园及道路的树荫下点缀。

紫背柊叶（新拟）

Phrynium imbricatum Roxburgh

形态特征：多年生草本，高 0.8~2.5 m。叶鞘紫红色；叶基生，正面绿色，背面紫红色（老时边缘紫红色，中部则渐变成淡黄绿色），两面无毛。头状花序顶生，无柄；苞片紫红色，密被短柔毛，顶端初时急尖，后呈纤维状；花冠鲜红色；退化雄蕊黄色。

习性：喜疏松肥沃、排水良好的土壤。适宜高温、高湿和半荫蔽的环境，生长适温为 18~32℃。种子和分株繁殖。

分布：中国海南、云南；孟加拉国、泰国有分布。

观赏价值及应用：株形挺拔，叶背面紫红色，适应性强，可植于庭院点缀或公园及道路的树荫下作绿化，也可作大型盆栽供观赏。

具柄柊叶

Phrynium pedunculiferum D. Fang

形态特征：多年生草本，高 0.9~1.8 m。叶基生，长椭圆形，两面无毛；叶柄长 20~45 cm。圆锥花序顶生，花序梗长 1~15 cm，通常下垂；苞片绿色；花冠绿色；退化雄蕊白色。蒴果绿色。

习性：喜疏松肥沃、排水良好的土壤。适宜高温、高湿和半荫蔽的环境，生长适温为 22~32℃。种子和分株繁殖。

分布：中国广西、云南南部。

观赏价值及应用：植株耐阴性强，可种植在庭院、公园的林荫下点缀作装饰。

柊叶

Phrynium pubinerve Blume [*P. capitatum* Willdenow]

别名：苳叶、棕叶

形态特征：多年生草本，高1~2 m。叶基生，长圆形或长椭圆形，两面无毛；叶柄长可达60 cm。头状花序直径5 cm，无柄，自叶鞘内生出；苞片紫红色，顶端初急尖，后呈纤维状；每苞片内有花3对，无柄；花冠紫堇色或深红色；外轮退化雄蕊倒卵形，淡红色，内轮淡黄色。蒴果梨形，红色。

习性：喜疏松肥沃、排水良好的土壤。适宜高温、高湿和半荫蔽的环境，生长适温为18~32℃。种子和分株繁殖。

分布：中国广东、广西、云南、福建；亚洲南部广布。

观赏价值及应用：株形挺拔，适应性强，可植于庭院、公园及道路的树荫下作绿化。根状茎和叶药用；根状茎治肝大、痢疾、赤尿；叶片清热利尿，治音哑、喉痛、口腔溃疡、解酒毒等。民间取叶用作裹米粽或包物用。

云南柊叶

Phrynium tonkinense Gagnepain

形态特征：多年生草本，高 0.5~1 m。叶基生，叶鞘绿色；叶片披针形，长 30~45 cm，宽 5~8 cm，有时较小，顶端长渐尖，基部渐狭，仅叶背中脉被绒毛。头状花序圆球形，直径 3 cm；苞片卵形，深绿色，不久顶撕裂；花橙色或紫色。

习性：喜疏松肥沃、排水良好的土壤。适宜高温、高湿和半荫蔽的环境，生长适温为 22~32℃。种子和分株繁殖。

分布：中国云南南部至东南部；越南亦有分布。

观赏价值及应用：植株较矮小，耐阴性强，可种植在庭院林荫下，也可盆栽于室内作装饰。

橙苞柊叶（新拟）

Phrynium yunnanense Y. S. Ye & L. Fu

形态特征：多年生草本，高 0.9~1.8 m。叶基生，长椭圆形，两面无毛；叶柄长 20~45 cm。圆锥花序顶生，花序梗长 20~45 cm；苞片黄色或橙黄色；花冠黄绿色；退化雄蕊红色。蒴果橙黄色。

习性：喜疏松肥沃、排水良好的土壤。适宜高温、高湿和半荫蔽的环境，生长适温为 20~32℃。种子和分株繁殖。

分布：中国云南东南部；越南北部有分布。

观赏价值及应用：植株丛生性强，花序色彩美丽，观赏性很高，耐阴性强，适宜种植在庭院、公园的林荫下或路旁作绿化，可丛植、片植或与其他植物搭配布置，也可盆栽于室内观赏，花序也可作高档切花材料。

肉柊叶属 *Sarcophrynium* K. Schumann

多年生、莲座状草本。花序为一密集的复伞形花序，苞片宿存或脱落；小苞片 2 枚，腺状。花冠管长度约为花冠裂片长度的一半或更短；外轮退化雄蕊 2，花瓣状；子房 3 室。果实肉质，不开裂；种子有黏液，具有假种皮。

约 16 种。产于西非、刚果盆地和乌干达。

短穗肉柊叶（新拟）

Sarcophrynium brachystachyum (Bentham) K. Schumann

形态特征：多年生草本，高 1~1.8 m。基生叶多数，茎生 1 枚；叶片长圆状椭圆形或长圆状披针形，宿存。穗状花序腋生，直径 3~6 cm，总花梗长 1~2 cm；苞片 2 列排列，初时绿色，老时变褐色；花冠裂片淡肉红色，外轮退化雄蕊花瓣状，白色或淡肉红色。果实肉质，肉红色；种子具红色假种皮。

习性：喜疏松肥沃、排水良好的土壤。适宜高温、高湿和半荫蔽的环境，生长适温为 22~32℃。种子和分株繁殖。

分布：原产于热带非洲。

观赏价值及应用：植株丛生，耐阴性强，可种植于庭院林荫下点缀，也可盆栽于室内作装饰。原产地民间取叶用作包物（加纳民间用于包装肉类）。

穗花柊叶属 *Stachyphrynium* K. Schumann

莲座状植物，基生叶 1 至多数；通常无茎生叶、少数具 1 枚茎生叶（尖苞穗花柊叶）。花序顶生或腋生，单一或疏生分枝的复伞形花序，穗状，椭圆形、纺锤形至近圆柱状或近球形，通常两侧较扁；苞片 2 列排列；无小苞片；外退化雄蕊 2 枚，花瓣状；子房 3 室。蒴果开裂；种子具假种皮。

10~16 种。产于热带亚洲；中国产 2 种。

尖苞穗花柊叶

Stachyphrynium placentarium (Loureiro) Clausager & Borchsenius
[*Phrynium placentarium* (Loureiro) Merrill]

别名：尖苞柊叶

形态特征：多年生草本，高 0.6~1 m。基生叶多数，茎生 1 枚；叶片卵形或长圆状披针形。头状花序腋生，球形，直径 3~6 cm，无总花梗；苞片 2 列排列，深绿色，顶端具刺状硬尖头；花白色。蒴果蓝色；种子具红色假种皮。

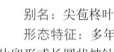

习性：喜疏松肥沃、排水良好的土壤。适宜高温、高湿和半荫蔽的环境，生长适温为 18~32℃。种子和分株繁殖。

分布：中国广东、广西、贵州、云南；亚洲南部至东南部广泛分布。

观赏价值及应用：植株较矮小，耐阴性强，可种植在庭院林荫下点缀，也可盆栽于室内作装饰。民间取叶用作裹米粽或包物用。根状茎、叶药用，功效同柊叶。

花竹芋属 *Stromanthe* Sonder

多年生草木，通常具有显著的地上茎。基生叶与茎生叶相似，通常簇生。花序具有丰富的分枝，通常是铺散的复伞形花序；苞片通常具鲜艳的颜色，常早脱落；花冠管不及花冠裂片的一半长；外轮退化雄蕊 2 枚，花瓣状。

10~15 种。遍布潮湿的美洲热带地区，多样性中心在美洲中部和巴西东南部。

紫背花竹芋

Stromanthe thalia (Vellozo) J. M. A. Braga
[*Stromanthe sanguinea* Sonder]

别名：紫背竹芋

形态特征：多年生草本，高 0.4~1.5 m。叶片长椭圆状披针形，正面深绿色，背面紫红色。圆锥花序顶生，苞片红色，花冠红色或粉红色，退化雄蕊白色。果实近球形，具棱，橙红色至红色，被短柔毛。

习性：喜疏松肥沃、排水良好的土壤。喜高温、高湿和半荫蔽的环境，生长适温为 20~32℃，忌暴晒。种子、扦插和分株繁殖。

分布：原产于巴西；中国南方地区有栽培。

观赏价值及应用：株形优美，叶背面紫红色，花序色彩艳丽，观赏性高，耐阴性强，可丛植、片植于庭院、公园树荫下点缀观赏，也可盆栽于室内作装饰。

三色花竹芋

Stromanthe thalia 'Tricolor'

形态特征：多年生草本，高 0.3~0.8 m。叶片长椭圆状披针形，正面具有淡绿色、白色至淡粉红色斑，背面淡紫红色或淡红色。圆锥花序顶生，苞片、花序轴红色，花冠红色或粉红色，退化雄蕊白色。

习性：喜疏松肥沃、排水良好的土壤。适宜高温、高湿和半荫蔽的环境，生长适温为 20~32℃，忌暴晒。扦插和分株繁殖。

分布：园艺栽培品种；中国南方地区有栽培。

观赏价值及应用：株形优美，叶色迷人，为观花观叶植物中的精品，可丛植、片植于庭院、公园的树荫下绿化，也可盆栽于室内作装饰；美丽的叶片也是切叶优良材料，可用作插花的衬材。

再力花属 *Thalia* Linnaeus

莲座状草本，通常具有显著地上茎的沼泽植物。花序顶生，通常是多分支的复伞形花序；苞片（佛焰苞）早落；无小苞片；花冠管不发育；外轮退化雄蕊 1 枚，花瓣状，鲜艳；胼胝质退化雄蕊显著、边缘狭瓣状；兜状的退化雄蕊在裂片基部具两附属物。果实似颖果。

5~7 种。主要发现于南美洲季节性潮湿的地区，美国南部有 2 种，非洲有 1 种。

再力花

Thalia dealbata Fraser

别名：水竹芋

形态特征：多年生草本，高 0.7~2.5 m。叶基生，2~5 枚，无茎生叶；叶鞘黄绿色，无毛；叶片卵形，偶有狭椭圆形，坚纸质，基部圆形，先端渐尖，背面具蜡质白粉层，无毛。花序顶生，直立，密集；花序柄长 0.5~1.9 m；苞片具蜡质白粉层；花深紫色。果球近球状。

习性：喜沼泽湿地、溪边或浅水中。适宜高温、高湿环境，生长适温为 20~32℃。种子和分株繁殖。

分布：原产于北美地区；中国南方地区有栽培。

观赏价值及应用：株形优美，花色彩迷人，可丛植、片植于湿地、池塘、溪边或浅水中作绿化，也可盆栽于庭院水体景观中点缀，是营造水景的高档花卉。

垂花再力花

Thalia geniculata Linnaeus

别名：垂花水竹芋

形态特征：多年生草本，高 1~2.5 m。叶基生 2~6 枚，无茎生叶；叶鞘紫红色，无毛；叶片卵形到狭卵形，坚纸质，基部圆形至截形，先端渐尖。圆锥花序顶生，下垂，松散；苞片无蜡质层，绿色或有条纹或略带紫色；花淡紫色，瓣状退化雄蕊白色。蒴果椭圆形。

习性：喜沼泽湿地、溪边或浅水中。适宜高温、高湿环境，生长适温为 22~32℃，不耐寒。种子和分株繁殖。

分布：原产于北美地区；中国南方地区有栽培。

观赏价值及应用：株形优美，叶鞘紫红色，花序下垂，色彩迷人，可丛植或片植于湿地、池塘、溪边或浅水中作绿化，也可盆栽于庭院水体景观中点缀，是营造水景的高档花卉。

参考文献

陈振耀，张洲桂，李恩杰，1984. 香蕉冠网蝽的初步研究 [J]. 应用昆虫学报，5: 21-23.

董祖林，2015. 园林植物病虫害识别与防治 [M]. 北京：中国建筑工业出版社 .

冯慧敏，陈友，邓长娟，等，2009. 芭蕉属野生种的地理分布 [J]. 果树学报，26(3): 361-368.

冯慧敏，陈友，李博，等，2011. 芭蕉属野生种的地理分布 [J]. 热带作物学报，32(4): 708-714.

冯慧敏，陈友，武耀廷，2016. 基于基因组学的香蕉种质资源遗传多样性与进化研究进展 [J]. 海南热
     带海洋学院学报，23(5): 87-90.

高江云，陈进，夏永梅，2002. 国产姜科植物观赏特性评价及优良种类筛选 [J]. 园艺学报 . 29(2):
     158-162.

高江云，夏永梅，黄加元，等，2006. 中国姜科花卉 [M]. 北京：科学出版社 .

广西壮族自治区中医药研究所，1986. 广西药用植物名录 [M]. 桂林：广西人民出版社出版 .

国家药典委员会，2010. 中华人民共和国药典：一部 [M]. 北京：中国医药科技出版社 .

国家中医药管理局《中华本草》编委会，2005. 中华本草：傣药卷 [M]. 上海：上海科学技术出版社 .

胡炜彦，张荣平，唐丽萍，等，2008. 生姜化学和药理研究进展 [J]. 中国民族民间医药，9: 14-18.

黄加元，2005. 西双版纳姜科植物资源的利用现状与开发前景 [J]. 中国野生植物资源，24(2): 26-27.

嵇含，1955. 南方草木状 (附图)[M]. 上海：商务印书馆 .

靳士英，靳朴，刘淑婷，2011.《南方草木状》作者、版本与学术贡献的研究 [J]. 广州中医药大学学
     报，28(3): 306-310.

李保真，覃德海，方鼎，1985. 广西壮族民间药用植物的初步研究 (四)[J]. 广西医学，7(1): 11-14.

李大峰，贾冬英，姚开，等，2011. 生姜及其提取物在食品加工中的应用 [J]. 中国调味品，2: 20-23.

李调元，1985. 南越笔记 (三)[M]. 北京：中华书局 .

李时珍，2004. 本草纲目：上册 [M]. 校点本 . 2 版 . 北京：人民卫生出版社 .

李珣，1997. 海药本草 [M]. 北京：人民出版社 .

李伟锋，何玲，冯金霞，等，2013. 生姜提取物对鲜切苹果保鲜研究 [J]. 食品科学，34(4): 236-240.

李月文，2005. 生姜资源及开发利用 [J]. 中国林副特产，74(1): 57-58.

马志，1998. 开宝本草 [M]. 合肥：安徽科学技术出版社 .

路国辉，王英强，2011.姜科植物花卉应用现状及开发前景 [J].北方园艺，10: 82-86.

罗明华，万怀龙，林宏辉，2008.中国象牙参属植物的分布及药用 [J].中国野生植物资源，275: 35-41.

罗琼，柳长华，成莉，等，2015.《神农本草经》在我国药物规范历史中的地位探讨 [J].34(1): 29-31.

潘富俊，2016.草木缘情：中国古典文学中的植物世界 [M].2 版.北京：商务印书馆.

尚志钧，1992.对《药性论》作者及成书时间的讨论 [J].安徽中医学院学报，11(2): 57-58.

邵艳红，张颖君，杨崇仁，2009.藏医药中的姜科药用植物资源 [J].现代中药研究与实践，23(5): 20-21.

苏颂，1994.本草图经 [M].合肥：安徽科学技术出版社.

童绍全，1997.姜科 [M]// 吴征镒.云南植物志.第 5 卷.北京：科学出版社.

王成晖，刘业，向潇潇，2014.浅谈东南亚佛教园林中的"五树六花"[J].广东园林，4: 41-46.

王筠默，1981.《名医别录》和《本草经集注》考略 [J].江苏中医杂志，4: 43-47.

王林忠，2009.芭蕉考 —— 中国古代文人园中的芭蕉 [J].华中建筑，27: 196-198.

王琰，王慕，2001.姜黄属常用中药的研究进展 [J].中国药学杂志，36(2): 80-83.

吴德邻，2016.中国姜科植物资源 [M].武汉：华中科技大学出版社.

吴德邻，1985.姜的起源初探 [J].农业考古，2: 247-250.

吴德邻，1994.姜科植物地理 [J].热带亚热带植物学报，2(2): 1-14.

吴德邻，2013.芭蕉、兰花蕉科、闭鞘姜科、姜科、美人蕉科、竹芋科 [M]// 戴伦凯.中国药用植物志.第 12 卷.北京：北京大学医学出版社.

吴德邻，陈升振，1981.芭蕉、姜科、美人蕉科、竹芋科 [M]// 吴德邻.中国植物志.第 16 卷，2 册.北京：科学出版社.

吴俏仪，1986.止痛良药 —— 艳山姜 [J].中药材，2: 47.

吴忠发，1998.姜科植物主要病害及防治 [J].南方农业学报，4: 194-195.

伍有声，董祖林，高泽正，等，2001.华南地区姜科植物主要害虫及其防治 [J].中药材，24(2): 79-81.

伍有声，高泽正，2004.危害多种热带果树的新害虫——黄褐球须刺蛾 [J].中国南方果树，33(5): 47-48.

西双版纳傣族自治州民族医药调研办公室，1980.西双版纳傣药志：第 2 卷 [M].[出版地不详：出版社不详].

肖红艳，温玉库，2006. 姜黄素抗癌作用及机制研究进展 [J]. 社区医学杂志，12: 40-41.

谢宗万，1975. 全国中草药汇编 [M]. 北京：人民卫生出版社.

严金平，泽桑梓，张火云，等，2004. 姜细菌性青枯病病原菌及其防治研究进展 [J]. 河南农业科学，33(9): 63-65.

严西亭，1997. 得配本草 [M]. 北京：中华中医药出版社.

叶华谷，曾飞燕，叶育石，等，2013. 华南药用植物 [M]. 武汉：华中科技大学出版社.

叶华谷，李书渊，曾飞燕，等，2015. 中国中草药三维图典：第一册 [M]. 广州：广东科技出版社.

叶华谷，李书渊，曾飞燕，等，2017. 中国中草药三维图典：第二册 [M]. 广州：广东科技出版社.

余峰，2012. 丹青蘘荷：手绘中国姜目植物精选 [M]. 武汉：华中科技大学出版社.

余徐润，李传保，2012. 蘘荷资源的开发利用概述 [J]. 信阳农业高等专科学校学报，22(1): 113-115.

张建斌，贾彩红，刘菊华，等，2012. 香蕉未成熟雄花组织培养与快速繁殖研究 [J]. 热带作物学报，33(7): 1225-1229.

张丽娟，陆茵，2008. 姜黄素抗肿瘤机制研究进展 [J]. 中国中医药信息杂志，15(4): 100-101.

中国药材公司，1994. 中国中药资源志要 [M]. 北京：科学出版社.

曾莉，戚佩坤，姜子德，等，2004. 广东省姜科观赏植物真菌病害的病原鉴定 [J]. 华中农业大学学报，23(4): 397-402.

曾宋君，段俊，刘念，等，2003. 姜目花卉 [M]. 北京：中国林业出版社.

甄权，1997. 药性论 [M]. 北京：人民出版社.

ANDERSSON L, 1998a. Heliconiaceae[M]//In Kubitzky K(ed.). Families and Genera of Vascular Plants. Berlin: Springer Verlag.

ANDERSSON L, 1998b. Mrantaceae[M]//In KUBITZKY K(ed.). Families and Genera of Vascular Plants. Berlin: Springer Verlag.

ANDERSSON L, 1998c. Musaceae[M]//In KUBITZKY K(ed.). Families and Genera of Vascular Plants. Berlin: Springer Verlag.

BAI L, LEONG-ŠKORNIČKOVÁ J, XIA N H, 2015. Taxonomic studies on *Zingiber* (Zingiberaceae) in China II: *Zingiber tenuifolium* (Zingiberaceae), a new species from Yunnan, China [J]. Phytotaxa, 227(1): 92-98.

BENTHAM G, HOOKER J D, 1883. Genera Plantarum [M]. London: L. Reeve & Co. & Williams & Norgate.

BRANNEY T M E, 2005. Hardy Gingers [M]. Portland: Timber Press, 15-207.

BURTT B L, 1972. General Introduction to Papers on Zingiberaceae[J]. Not. Roy. Bot. Gard Edinb, 31(2): 155-165.

BURTT B L, OLATUNJI A, 1972. The Limits of the Tribe Zingibereae [J]. Not. Roy. Bot. Gard Edinb. 31(2): 167-169.

CHEN J, XIA N H, 2013. *Curcuma gulinqingensis* sp. nov. (Zingiberaceae) from Yunnan [J], China. Nordic Journal of Botany, 31: 711-716.

CHEN L, WANG F G, DONG A Q, et al, 2011. *Zingiber nanlingensis* sp. nov. (Zingiberaceae) from Guangdong, China [J]. Nord. J. Bot., 29: 431-434.

COWLEY E J, 2007. The genus *Roscoea* [M]. London: The Royal Botanic Gardens Kew, 1-175.

CRONQUIST A, 1981. An integrated system of classification of flowering plants [M]. New York: Columbia Univ. Press.

DAHLGREN R, CLIFFORD H T, YEO P F, 1985. The Families of the Monocotyledons [M]. Berlin: Springer-Verlag.

FANG D, 2002. A new species of *Phrynium* Willd. (Marantaceae) from Guangxi [J]. Journal of Tropical and Subtropical Botany, 10: 250-252.

FU L, YE Y S, LIAO J P, 2017. *Phrynium yunnanense* (Marantaceae), a new species from Yunnan, China[J]. Phytotaxa, 307(1): 89-94.

GAGNEPAIN M F, 1907. Zingibéracées, Marantacées et Musacées nouvellesde l'herbier du Muséum (19e note) [J]. Bulletin de la Société Botanique de France, 54(5): 403-413. http://doi:10.1080/00378941.1907.10831283

HÄKKINEN M, VÄRE H, 2008a. A taxonomic revision of *Musa aurantiaca* (Musaceae) in Southeast Asia [J]. J. Syst. Evol., 46: 89-92.

HÄKKINEN M, VÄRE H, 2008b. Taxonomic history and identity of *Musa dasycarpa*, *M.velutina* and *M. assamica* (Musaceae) in Southeast Asia [J]. J. Syst. Evol., 46: 230-235.

HÄKKINEN M, Wang H, Ge X J, 2008. *Musa itinerans* (Musaceae) and its intraspecific taxa in China [J]. Novon., 18: 50-60.

HOLTTUM R E, 1950. The Zingiberaceae of the Malay Peninsula [J]. Gard. Bull. Singapore, 13: 1-249.

KRESS W J, 1990. The Phylogeny and Classification of the Zingiberales [J]. Annals of the Missouri Botanical Garden, 77(4): 698-721.

KRESS W J, HTUN T, 2003. A second species of *Smithatris* (Zingiberaceae) from Myanmar [J]. Novon., 13(1): 68-71. DOI: 10.2307/3393567.

KRESS W J, LARSEN K, 2001. *Smithatris*, a new genus of Zingiberaceae from Southeast Asia [J]. Systematic Botany, 26: 226-230.

KRESS W J, PRINCE L M, WILLIAMS K J, 2002. The phylogeny and a new classification of the gingers (Zingiberaceae): evidence from molecular data [J]. American Journal of Botany, 89: 1682-1696. http://dx.doi.org/10.3732/ajb.89.10.1682.

KRESS W J, MOOD J, SABU M, et al, 2010. *Larsenianthus*, a new Asian genus of gingers (Zingiberaceae) with four species [J]. Phytokeys, 1: 15-32. DOI: 10.3897/phytokeys.1.658.

LAMXAY V, NEWMAN M F, 2012. A Revision of *Amomum* (Zingiberaceae) in Cambodia, Laos and Vietnam [J]. Edinb. J. Bot., 69(1): 99-206.

LARSEN K, 1998. Costaceae [M]//In Kubitzky K(ed.). Families and Genera of Vascular Plants. Berlin: Springer Verlag.

LARSEN K, LOCK J, MAAS H, et al, 1998. Zingiberaceae [M]//In KUBITZKY K (ed.). Families and Gerera of Vascular Plants. Berlin: Springer Verlag.

LEONG-SKORNICKOVA J, GALLICK D, 2010. The Ginger Gardens [M]. Singapore: Singapore Botanic Gardens, National Parks Board.

LEONG-SKORNICKOVA J, NEWMAN M, 2015. Gingers of Cambodia, Laos & Vietnam [M]. Singapore: Singapore Botanic Gardens, National Parks Board.

LIU A Z, LI D Z, LI X W, 2002. Taxonomic notes on wild bananas (Musa) from China [J]. Bot. Bull. Acad. Sin., 43: 77-81.

MAAS P J M, 1972. Costoideae (Zingiberaceae) [J]. Flora Neotropica, 8: 1-126.

MAAS P J M, 1977. *Renealmia* (Zingiberaceae-Zingiberoideae) Costoideae (Additions) (Zingiberaceae) [J]. Flora Neotropica, 18: 1-218.

MAAS P J M, 1979. Notes on Asiatic and Australian Costoideae (Zingiberaceae) [J]. Blumea, 25: 543-549.

MOOD J, LARSEN K, 1998. *Cornukaempferia*, a new genus of Zingiberaceae from Thailand [J]. Nat. Hist. Bull. Siam Soc., 45: 217-221.

MOOD J, PRINCE L M, TRIBOUN, 2013. The history and identity of *Boesenbergia longiflora* (Zingiberaceae) and descriptions of five related new taxa [J]. Gard. Bull. Singapore, 65(1): 47-95.

MOOD J D, VELDKAMP J F, DEY S, et al, 2014. Nomenclatural changesin Zingiberaceae: *Caulokaempferia* is a superfluous name for *Monolophus* and Jirawongsea is reduced to *Boesenbergia* [J]. Gard. Bull. Singaspore, 66(2): 215-231.

NAKAI T, 1941. Notulae ad Plantas Asiae Orientalis (XVI) [J]. Jap. J. Bot., 17: 189-203.

RIDLEY H N, 1924. Zingiberaceae [M]. In RIDLEY H N (ed.). Flora of the Malay Peninsula. London: L. Reeve & Co., 4: 233-285.

SAOKAEW S, RAKTANYAKAN P, 2016. Clinical Effects of Krachaidum (*Kaempferia parviflora*): A Systematic Review [J]. Journal of Evidence-Based Complementary & Alternative Medicine, 22(3): 413-428.

SMITH R M, 1990. *Alpinia* (Zingiberaceae), a proposed new infrageneric classification [J]. Edinburgh Journal of Botany, 47: 1-75. http://dx.doi.org/10.1017/S0960428600003140.

SUKSATHAN P, GUSTAFSSON M H, BORCHSENIUS F, 2009. Phylogeny and generic delimitation of Asian Marantaceae [J]. Botanical Journal of the Linnean Society, 159: 381-395. https://doi.org/10.1111/j.1095-8339.2009.00949.x.

TAKHTAHANA A L, 1980. Outline of the classification off lowering plants (Magnoliophyta) [J]. Bot. Rev., 46: 225-359.

TOMLINSON P B, 1956. Studies in the systematic anatomy of the Zingiberaceae [J]. J. Linn. Soc. (Bot.), 55: 547-592.

WANG J C, 2000. Zingiberaceae[M]//In HUANG T C (ed.). Flora of Taiwan, second edition, Taipei: [s.n.].

WILLIAMS K J, KRESS W J, MANOS P S, 2004. The phylogeny, evolution, and classification of the genus Globba and tribe Globbeae (Zingiberaceae): Appendages do matter [J]. American Journal of Botany, 91: 100-114. https:// doi: 10.3732/ajb.91.1.100.

WU D L (WU T L), LARSEN K, 2000. Zingiberaceae [M]. In WU Z Y and RAVEN P H (ed.). Flora of China. Vol. 24. Beijing: Science Press & St Louis: Miss. Bot. Gard. Press.

YE Y S, BAI L, XIA N H, 2015. *Zingiber hainanense* (Zingiberaceae), a new species from Hainan, China [J]. Phytotaxa, 217(1): 73-79.

ZOU P, XIAO C F, LUO S X, et al, 2017. *Orchidantha yunnanensis* (Lowiaceae), a new species from China, and notes on the identity of *Orchidantha laotica* [J]. Phytotaxa, 302(2): 181-187.

ZOU P, YE Y S, LIAO J P, 2016. *Alpinia austrosinensis* (Zingiberaceae), a new combination from China and its relationship with *A. pumila* [J]. Phytotaxa, 255(2): 175-178.

ZOU P, YE Y S, CHEN S J, et al, 2012. *Alpinia rugosa* (Zingiberaceae), a new apecies from Hainan, China [J]. Novon, 22(1): 128-130.

中文名索引

拉丁学名索引

405

图书在版编目（CIP）数据

观赏姜目植物与景观 / 叶育石, 付琳主编. —武汉:湖北科学技术出版社, 2019.8
ISBN 978-7-5352-9578-1

Ⅰ.①观… Ⅱ.①叶… ②付… Ⅲ.①姜科－观赏植物 Ⅳ.①Q949.71 ②S68

中国版本图书馆CIP数据核字(2019)第010977号

观赏姜目植物与景观
GUANSHANG JIANGMU ZHIWU YU JINGGUAN

执行出版：王斌

策划：杨瑰玉   封面设计：曾雅明
责任编辑：刘芳　严冰   设计制作：百彤文化

出版发行：湖北科学技术出版社   电话：027-87679468
地址：武汉市雄楚大街268号（湖北出版文化城B座13-14层）   邮编：430070
网址：http://www.hbstp.com.cn

印刷：武汉市金港彩印有限公司   邮编：430023

787×1092   1/16   26.25印张   580千字
2019年8月第1版   2019年8月第1次印刷
                                                           定价：280.00元